哲学是每个人的事

[美]穆蒂莫·艾德勒 著　　郗庆华 薛 笙 译

北方文艺出版社

黑版贸审字 08-2014-051号

图书在版编目（CIP）数据

哲学是每个人的事 / (美) 艾德勒著 ; 郗庆华 薛笙译. — 哈尔滨 : 北方文艺出版社, 2014.10
ISBN 978-7-5317-3326-3

Ⅰ. ①哲… Ⅱ. ①艾… ②郗… ③薛… Ⅲ. ①人生哲学—通俗读物 Ⅳ. ①B821-49

中国版本图书馆CIP数据核字(2014)第180785号

哲学是每个人的事

作　　者　(美) 穆蒂莫 · 艾德勒
译　　者　郗庆华　薛笙
责任编辑　王金秋
出版发行　北方文艺出版社
地　　址　哈尔滨市南岗区林兴路哈师大文化产业园D栋526室
网　　址　http://www.bfwy.com
邮　　编　150080
电子信箱　bfwy@bfwy.com
经　　销　新华书店
印　　刷　北京大运河印刷有限责任公司
开　　本　710 × 1000　1/16
印　　张　14.25
字　　数　100千
版　　次　2014年10月第1版
印　　次　2015年3月第2次
定　　价　32. 00元
书　　号　ISBN 978-7-5317-3326-3

目录

序言

我怀着对孔子慎重追远的诚敬心情，看待这本书的思想来源。我也遵循摩西赞颂父母的训诫，从最广泛的意义上把这种赞颂了解为对一个人的理解力与存在的根源的尊敬。

我为不列颠百科全书公司工作以及与芝加哥大学校长罗伯特·哈金斯合编出版《西方世界伟大著作》时，同时搞出了两册讨论大观念的书，书名叫*Syntopicon*。这两册书原意是要作为丛书的指南，希望指引读者在丛书内找到大观念的讨论。在工作中，我就一百二十个大观念分别各写了一篇论文，这些论文后来成为*Syntopicon*两册书的每一篇章。

我们要对每一个大观念以及它们彼此之间的关系进行探讨，而对整个大观念的领域的第一步探讨工作便是很自然而且几乎是必然地成立“哲学研究协会”，多家学者集为一体，合作研究大观念。他们的目标是要斟酌探索在整个西方思想传统中各思想家对每一个观念的思考结晶，验明构成每一个观念的内在复杂性的各式各样的意义，针对一直被争论的观念提出问题，并检查和评价论争中的反对主张。

哲学研究协会是于一九五二年由福特基金会资助设立的，当时保尔·霍夫曼与哈金斯分别为协会会长和副会长，弗吉尼亚基金会也出资赞助。自一九五六年以来，这个协会一直得到保尔·麦隆与小亚瑟·哈顿的赞助。

近三十年来，这个协会已为它当初要贡献的伟大工作奠定了基础。在这段时间内，协会对大观念的整个领域所探讨过的深度与广度仍无法超越*Syntopicon*中的初步成果。或许它需要五个三十年或更多的时间，才能达到协会当初为自己订下的目标。

不过协会从一九五二年以来已完成的业绩是应当受尊重的，而且值得继承下去。协会的高级研究员与助理一直在进行研究，出版了许多书籍与长篇论文：两册书讨论自由的观念；一册书分别讨论公正、幸福、爱、进展与宗教的观念；一篇论文讨论了美的观念。至于平等的观念，在这一段时间内也已经做了相当的工作，档案中已发表的论文一直在增长。

此外，我必须提及我在这段时间内写成的一些书，它们是在协会同事们的帮助下完成的，而且得到了他们的批评与修正。与这本书所讲的六大观念有关的书包括《哲学的条件》，这本书处理了真理的模式，以及在数学、科学、历史与哲学的领域内辨别了所谓的知识与意见，而且在常识思想范围里也区别了其中的知识与意见；《人类的差异以及它所形成的差异》一书在人与较低等动物之间存在差异的前提下，讲述了所有的人在种类上的平等；在《我们的一生》（副标题《伦理的常识观》）一书里，我首先辨别实际的善与外表的善、需要与想要、自然权利与民权，然后借助于这些辨别，以详细检查事物的观念以及人类终极善（即幸福）的观念；《政治的常识》一书里，经过分析，承认公正的支配力是调和自由与平等所不可或缺的，而且要最大限度地达到和谐。

在过去的三十年中，我一直主持阿斯朋人文科学院主办的座谈会。座谈会中所宣读的论文要目，分别了自由、平等、公正、权力，财富与财产、美德与幸福等观念。我从这些讨论中得到相当大的利益，自觉得比其他参与讨论的人学得还要多。

鉴于形成本书六大观念的这些来源，我要感谢一些人，表达我对他们的尊敬与诚意，特别是那些赞助哲学研究协会的捐助人和托管人，这本书便是献给他们以及我在协会内的现在与过去的同事的。我相信他们会原谅我没有一一提及他们的名字。

我在本书之末没有附上参考书目，这是与我往常的习惯相违背的。我的理由是，读者如要查阅讨论这些大观念的最佳原著，可以在*Syntopicon*这两册书（第六、三十、四十二、四十七与九十四章）内所列举的书籍中找到。还有，我跟我在哲学研究协会与不列颠百科全书公司的同事查理·范道伦合编的《西方思想宝库》中，读者也可以找到所要的原著。在后一本书里，读者更容易找到一些讨论这些大观念的重要段落，因为它们在该书中是整个引录下来，不像*Syntopicon*（见第六章第3；9；6；7；12.2；12.3；13.2；13.3；16.6各节，只部分列举出而已。

在结束序言之前，我坦率地说，我可能在今后几年内尝试再写有关大观念的书；不过，我在以前已出版了一本有关上帝观念的书，而且现在又出版这本有关除了上帝之外六个最大的观念的书，所以接下来的另一本书，我可能必须处理某些不那么大的观念。

艾德勒

1980年7月

第一部分

序：大观念

1.每个人的事业

应该不厌其烦地重复，哲学是每一个人的事业。人都具有从事哲学思索的能力。在日常生活中，我们多多少少都要介入哲学的思考。

只认清这点还不够。我们还有必要了解为什么哲学是每一个人的事业、哲学的事业是什么。

以一个词来回答这问题，答案是观念（ideas）。以两个词来回答，答案是大观念（great ideas）——这些观念对于了解我们自己，我们的社会，以及我们居住的世界，是基本而且不可缺少的。

我们将看到，这些观念构成了每一个人思想的词汇。这些词汇不同于特殊学科的概念，都是日常使用的词汇。它们不是术语，不属于专业知识的私人术语。每个人在日常会话中都用到它们。不过，并不是每一个人都能了解它们的含义，而且也不是每一个人都能对这些大观念所引起的问题给予足够仔细的考虑。为了能了解它们的全意，思索由它们引起的问题，并能够尽可能找到这些问题彼此冲突的答案，就要进行哲学思维。

这本书的目的只是要提供在这种过程中的某些指点。不过不是针对所有的大观念，因为那的确需要一部大部头的书来阐述。这本书只阐述六个大观念，但它们对我们显然极为重要：一方面是真、善、美；另一方面是自由、平等与公正。

我不仅只限于考虑这六个观念，而且只限于考虑对这六个观念做基本的描述，努力使读者获得三个结果。

第一，使读者更确切地掌握他谈论这些观念时所用字词的各种意义。每个人在每个星期里，都可能说上“那是真的”或“那是假的”数十次。当我们说那是真的或假的，我们的意思是指什么？我们是以什么标准来做真假的判断？而且，如果我们谈话的对方向我们质疑，我们又怎样才能支持我们的判断？如果能使一般人对真理的观念更加清楚，就会帮助他们回答这些问题。当他们更加了解（即使一点点）真理的观念，他们便是在进行了他们是否有意识地认为自己已经更加了解真理观念的哲学思维了。

第二，对某个观念的描述，应该可以帮助那些愿意更加深刻地思索观念的读者，更加清楚了解他们所必然会面临的一些问题与论题——虽然这些基本问题与论题已争论好几个世纪了。

真的事物是否时时在变动，或者它是一成不变的？一件事物能否对我是真的，而对你是假的？对于有歧异的意见，我们能否找出哪一方是真或假，而使彼此互相冲突的意见获得一致？或者某些歧异的意见是与真假无关的？对于那些怀疑有真理存在的怀疑论者，我们如何答复他们？

第三，在对每一个观念进行思考时，我们必须考虑其他的观念。我们对于真理的了解会如何影响我们对善与美的了解？我们对善与恶的了解如何会帮助我们了解对与错（正当与不正当），以及如何帮助我们了解公正？以及我们对善与恶的了解会如何影响我们对自由与平等的了解？

那些大观念并不是各自独立的，也不是彼此不相关联的。因此，对于这六个观念的每一个描述都会涉及到其他五个观念；而且，当我们考虑这六个观念的本身以及它们之间彼此的关系时，我们会接近熟悉整体观念的领域，或者至少更能熟悉这六个观念与许多其他大观念的关系。这就是我特别选择这六个观念来讨论的一项理由。这六个观念确实是中枢观念——每一个都是中心，有许多其他大观念围绕着它运转。

以上是我希望能够帮助读者的最低限度。对于每一个大观念还能够再谈多些。我自己已写了两本谈自由观念的大部头书，而且哲学探讨协会的一些同事们也写了有关公正观念、爱的观念、幸福观念、进步观念、美的观念以及宗教观念的书。

这几本书所阐述的比我在这本书所要讲到的六大观念还要多。这几本书试图探讨在整个西方思想传统中对观念的看法，而且试图指出相同意见与不相同意见从而厘清对观念的讨论，以及评价对所有重要论题的正反两面的论证。这几本书同时也引用了过去与现存的许多大思想家的话，并做了许多注脚。它们确实值得研究，但需要的是研究，而不只是读而已。比较之下，我在这本书中所要谈的六大观念，是要让读者容易阅读，而不是痛苦地研究。

我应该再提起我四十多年前所从事的探讨大观念的经验。当时，大英百科全书出版公司决定出版《西方世界伟大著作》，这是我帮助芝加哥大学校长哈逊士校长编写的，为了编写这套丛书，我曾准备了一些我称为Syntopicon的材料，以作为在这套丛书中讨论大观念的指南。这份指南之所以称为Syntopicon，是因为它收集了这套丛书中所讨论的3000多个论题，组织成102个大观念，并以论题为主做成这套丛书的目录。对于每一个观念，我各写一篇论文，以追溯该观念在西方思想传统中的发展，而且指出在发展过程中所发生的各家各派对该观念的主要争论。

这本书各章所讲的六大观念虽然出自我在Syntopicon为文讨论的102个观念，但这本书的编写有不同的目的。我将不涉及这六大观念的发展历史，只是偶尔会论及由它们所引起的几个主要争论。Syntopicon的论文是要引导读者弄明白西方文明史几个大思想家对大观念的看法。这本书各章则是要帮助读者增进他们自己对六大观念的思考能力。

如果我达到本书的目的，我将可以帮助读者参与哲学的事业；哲学的事业是每一个人的事业，这不仅因为没有这六大观念便不能从事大的思考，还因为思考这六大观念并不需要特定科学与专业的特殊技巧能力。不论有才智与否，每一个人都能做到。我确信每一个人希望能思考得更好一些。

2.柏拉图的对和错

当亚里士多德的名字作为形容词被用来修饰名词时，它通常伴随“逻辑”这个词。我们曾听说“那是亚里士多德逻辑”，这句话有时是赞美，有时是轻蔑。

同样，当柏拉图的名词成为形容词时，它通常是伴随“爱”或“观念”。我们会说某种友谊是柏拉图式的爱；或者说，“那只是一个柏拉图式的观念，它与实际无关”。

“柏拉图式的观念”这个名词之所以有贬义的联想，当然是基于柏拉图自己的观念论，他的论调不是一般人能够以常识观点了解的。反之，一般人了解它时，会发现它与他们对事物的常识看法相违背。但它并非全是错的。柏拉图的观念论有两个中心论旨，其中一个是对的，另一个却是错的。

我们先谈他错的地方。对于柏拉图来说，有两个世界：一个是物理事物经常变动的感官世界，这个世界是通过我们的感官来了解的；另一个世界是智力事物的世界，我们需要通过理智或心灵来了解它。对于他来说，这两个世界都是实际的；所谓的“实在”是意指它们独立于我们的认识而存在。

即使没有具有双眼、双耳或其他感官的人或动物存在，感觉的世界依然存在。同样的，对于柏拉图来说，具有思考真与善或公正与自由的能力的人类即使不存在，真善、公正或自由等对象也依然存在——它们是独立于所有思考心灵而存在的，这就是为什么柏拉图认为善观念或公正观念是充分实在的东西的理由。

柏拉图更进一步断言，除了充分实在的东西以外，观念世界对他而言是比实在更高一级的。我们通过感官所感知的物理事物不断生成与消减，而且它们继续以某种方式流动变化。它们并不是永恒不动的。尽管我们可能改变我们的看法，但是那些观念本身并不会有所改变。不像生物有机体，观念本身并无生成与死亡。不像星星与原子，观念本身并不在空间内流转。不像我们所熟悉的环绕在我们周围的物理事物，观念本身并无冷热、大小等等之分。

因此，对柏拉图而言，变动不定的物理世界仅仅是更实在的观念世界的投影。我们从感官经验的领域过渡到思想的领域时，就提高到一个更高的实在，因为我们已从没有持久存在的事物转到持久不变（柏拉图会说是“永恒”）的思想对象——观念。

如果我们一时无法摆脱常识的观点，我们会认为柏拉图过分地把实在性附属给观念，甚至更过分地把观念的实在性下加给感官现象世界——感官现象即是我们通过感官而经验到的变动不定的世界。我们会毫不迟疑地拒斥柏拉图的观念论，认为他把实在性附加给观念及物理事物是错误的，而且认为他提出观念的实在，比物理事物的实在更高一级也是错误的。对于我们持常识观点的一般人而言，相对于环绕我们周围的可感知可视知可听知的物理世界，观念世界反而更模糊一些。

不过，如果我们认为观念根本不存在，或认为它们只是当我们思考时才存在于我们的心中，那么我们就断言得太过分了。因为这会使得观念完全是主观的，就像手指被压所经验到的痛的感觉一样，或者像你告诉我你牙痛而我无法经验到一样，因为此时此刻那个牙痛经验只是你才拥有。

柏拉图主张观念是人类心灵可以思考到的对象，就这点来说他并没有错。而且，他坚持观念的客观性，这点也是对的。如果以最简单的方式来解释这点的话，所谓观念的客观性，意思是说你跟我可以共同谈论相同的一个观念，因为它是你我正在思考的对象，如同当你帮我穿上外套而且问我是否足够暖和时你我正在谈论相同的那件外套一样。当你我讨论真理或公正时，真理或公正的观念就摆在我们心上，或呈现在我们的心中，就如同你帮我穿上外套的同时由你我把它套在我的身上一样。

如果有人难以了解这点，那是因为“观念”这个词有两种意义，一种意义是被用来指某种完全主观的东西，另一种意义是被用来指某种相当客观的东西。

在第一种意义中，这个词一直被用来指由意识中的观念内容所组成的整个存在东西的领域。在这种广泛的意义中，这个词涉及了我们所拥有的感觉与知觉，我们所构成的印象，我们所唤起的记忆，以及我们在思考中所使用的概念。

当“观念”这个字词以这种方式被心理学家使用时，所有被指的各种项目确实是主观的。我的感觉知觉不是你的；产生在我梦中的意象，或者当我忆起所产生的记忆，都只是属于我的；同样的，当我研究某种困难的学科时很痛苦地构成的概念，也只有属于我了。

我称这些项目都是“主观的”，只是说它们是私有的，不是公有的。当我谈及它们是我的——我的知觉、我的记忆、我的概念——我是在说，这些知觉、记忆或概念属于我，而且只属于我。你无法接触它们，正如同你无法接触我正承受的牙痛的痛苦。

在第二种意义中，“观念”这个字词所指的对象，两个以上的人都能够接触到，都能够集中精力注意到，都能思考到，都能讨论到。虽然这种意义的观念对读者可能不很熟悉，但它也不是全然陌生或令人困惑的。

如果我们不同意高等法院此刻所做的判决，我们之间可能彼此互相指责对方对公正的看法。如果我要求你讲明对公正的看法，我是要求你告诉我你如何思考公正，而且我也准备告诉你我如何思考它。这个“它”在这里是作为思想对象的公正，同时在你与我的思想，而不是作为只存在你心中而非我心中的概念的公正。

这并不否认你与我在我们心中拥有的概念——当我们思考公正时我们各自拥有的概念。再者，你的概念与我的概念是相异的。但这并不阻止我们思考相同的一件对象——我们称为“公正”的思想对象，有时这指“公正的观念”。

这跟对知觉的分析是一致的。当我们知觉到同一件可知觉到的对象时，使我们能知觉到的是我们各自拥有的知觉能力。即使你使用你的知觉能力而我使用我的，但知觉能力作为知觉一件可被感受到的对象的工具而言，那件我们共同知觉到的对象就如同你帮我穿上的外套一样是保持同一件的。同样的，对于你我共同参加的一场橄榄球赛，你有你的记忆，而我有我的，但我们能够忆起在最后一分钟时赢得球赛的那次漂亮的传球。

让我把我的观点说明清楚，首先回到我所写的有关自由观念的书。因为那本书企图考查整个西方思想界对自由的看法，我曾逐一地考虑数以百计的著作家对这个观念的见解。顺便一提的是，有些著作家使用freedom，有些则使用liberty，但我们总是很清楚，那只是指相同的思想对象的两个不同的词而已。

不过，所有那些谈论自由的著作家，当他们使用freedom或liberty时，我们就不太清楚他们所谈论的是否是相对的对象。例如，某些著作家注意在人们能随心所欲地行动时享受的自由。这是一种一个人被关时被剥夺掉的自由。某些著作家则关注意志的自由——这种选择的自由是被那些自称决定论者所否定的。

自由的观念，或者作为思想对象的自由，包括了上面提到的两种自由。当某些著作家谈论自由时，他们往往只注意自由的一面，而忽略了另一面。但所有的著作家尽管只注意自由的一面，他们所谈论的仍是相同的对象，如果他们不是谈论相同的对象，那么他们之间对自由有共同的意见或彼此有歧见就无甚意义了。

例如，当谈论自由乃是能够满足自己意愿而行动时，有些著作家认为只要免除身体的压迫与囚禁，就是充分达到自由的地步。但另一些著作家则不同意这个看法，认为如果缺乏有力的工具，仍会剥夺一个人的自由。例如，一个人缺钱，则无法自由地在餐厅进餐，即使他或她极想进去也不行。

如果这两组著作家所思考的或谈论的不是相同的对象，那么就无所谓彼此之间有歧异存在——这里所指的相同对象，即指一个人能够满足自己意愿或实现希望而行动的自由的一面。

我们分析到这里，无非是要告诉读者，这本书所谈论的六大观念与心理学无关。这本书并不涉及当人们思考时有哪些内心活动，也不涉及当他们思考时用了哪些概念或在他们的心中拥有哪些概念。这本书只涉及当人们从事思考时内心拥有哪些东西，以及他们共同考虑的对象，这些对象已困扰人类几个世纪了，而且引起了许多问题，对这些问题的解答各有共同意见与歧见。

有一些人仍坚持认为大多数人所使用的“观念”一词只具有主观的意义；对于这些人来说，我宁愿取消这个字词，而代之以“思想的对象”。但我喜欢保留些字词，并且希望读者注意，当我在这本书中使用它时，我总是谈论我们都能注意到的六个大的思想对象，而不是指当我们思考时所使用的特定概念。

讨论到此，柏拉图是对的。观念作为思想的对象，它们是存在的。当我停止思考真理或公正的观念时，它并不因此而停止存在，因为别人仍可以思考它。当没有人知觉到我正坐着的椅子或你手拿的书时，这张椅子或那本书作为可知觉的对象而言是不会因此而停止存在；不过与此相反的，当根本没有人去思考思想的对象时，思想的对象作为理智的对象而言确实是会因此而不存在。

在宇宙中，有许多星星与原子是不为人类或其他生物所知觉到的。不过，若没有生物心灵去思索观念，那么作为思想对象的观念就不可能存在。观念是客观存在的，但它客观存在时所具有的实在性并不属于物理事物。有关这方面的主张，柏拉图是错的。

3.思想的词汇

“那只是个柏拉图式的观念，与实在根本无关”。由这句话所表露的对观念的中伤是需要予以反驳的。

对于所有的科学，只有数学所处理的对象不可能被我们的感官所知觉，或被任何观察仪器所察觉。高等数学所探讨的对象完全超出想象力所能及的范围。一个学生可以想到，他在几何学里学到的三角形是一些他能画在纸张上的图形，但没有任何一个可知觉的图形（不论这个图形是由物理仪器如何小心地规画出来的）能够拥有可以被加以证明、但不具备视觉形象的数学性质。

当我们考虑的是等边几边形的几何图形时，我们很清楚那是一个思想的对象，而不是知觉或想象的对象。当然会有一些物理事物的量来展现可数的正整数，但总算已从正整数发展到分数、负数、虚数，甚至-1的平方根。

数学所处理的是理想的对象，而不是真实的事物。这项事业并没有阻止数学能够运用到物理世界，而且还得出一些漂亮的实际结果。那些应用数学的自然科学与社会科学，例如数学物理学与数理经济学，不仅是相当精确的学科，而且产生了相当丰盛的成果。

哲学像数学而不像所有自然科学或社会科学，它第一步便处理一些理想的对象。当我们开始从事哲学思考时，我们所反复思索的观念——思想的对象——是超出感觉知觉与想象力所能及的范围的。这就是为什么哲学像数学一样可以被描述为“扶手椅上的思考”的原因。如同数学，哲学不需要使用观察的技术与实验，也不需要从经验中收集资料，或依靠仪器探讨现象。就像数学一样，它不是经验的，也不是可以由经验中调查出来的。

不过，如同数学被应用的情形，这事实并不能排除哲学在思考经验的实在时是有用的——也就是说，我们可以用哲学来思索自然、人类行为以及社会制度。我们若能更清楚了解观念，特别是历来的大观念，我们就能通过观念更加了解实在。

以上我们反驳了本章开头那句观念与实在无关系的中伤。我希望，这本书的其余各章能提供大量的证据，指出哲学像数学一样，在我们与经验世界的交往中是有用的。

当数学应用到可观察的现象时，它的应用是以其他学科（例如物理和经济学）的尺度作为媒介的。而哲学应用到实在时根本用不着这样的媒介。哲学的应用是直接的，用不着依靠数学予以应用时所需要的数量化的资料，这种资料只有通过探讨性科学所使用的特定观测技术才能收集到的。

这解释了为什么哲学是每一个人的事业，而特殊学科（包括那些应用数学的科学）不是每一个人的事业。正因为它能够是每一个人的事业，所以它应该是每个人普及教育的一部分。

熟悉哲学里的大观念并不能为读者准备任何特殊的职业——企业、神职、律师、医师或任何高级技术的职业。这些特殊职业是要上特殊学校受训的。但每一个人都要有一个共同的人类素质——即良好的公民以及有思想的人的素质。

只当所有的学校都传授哲学时，每个人才能觉悟要去履行人类共同有的义务。学校教育要做到基本上是人性的，只要染上哲学气氛——即对哲学里的大观念加以介绍。

用来测验一个人能否接受更高教育的性向考试，包括了衡量一个人的词汇的多寡。一个人能正确使用的词汇的多寡是他心智发展的自然指标。拥有大量词汇的人显示他能更广泛地涉猎文学，或者在说话写字上更能灵活运用文字，但是只凭一个人所拥有的词汇的多寡确实无法表示他心智的纵度与深度——所谓心智的纵度与深度，分别是指他领悟力的范围以及他思考力的发展。

除此之外，出现在通常被称为烦琐性向测验里的词汇问题，绝大部分是在测验学生是否熟悉稀有字词的意义，那些字词至少在日常交谈中通常不被使用。我们很难明白这种考试能够测验出什么。

如果我们的目的是要发现学生对特殊知识领域的熟悉程度，可以采取一个方法，即测验学生正确使用特殊训练的专技用语的能力。我们可以仿照这种词汇测验的方法，来发现学生是否具有哲学思考性向的心灵；一个好的基本学校教育，如果它是合乎基本人性教育的学校，就应该传授给学生哲学思考的能力。

不像烦琐性向测验的词汇考题，用来指大观念的字词并不是稀有的，也不是在日常交谈中不常使用的。相反，除了少数例外，它是一般人所熟悉的，而且是经常使用的普通字词。事实上，它们大多数包括在不超过一千个词汇的范围里。

但这并不是说，一个人拥有这样数量的词汇（其中包括许多大部分有关大观念的字词），就能在一定有深度和广度的意义上使用这些字词，以显示自己充分熟悉或充分了解这些字词所指的观念，因而使自己的经验世界更富有智慧。

用来指大观念的字词并不是特殊学科的专技语词，它们都是日常会话中的语句，而且构成了哲学思想的基本词汇，因此也可以说是人类思想的基本词汇。如果哲学是每一个人的事业，那么不仅每一个人都应该能够在句子里正确地（当正确性的标准仅仅涉及文法时）使用这些意指大观念的字词，而且每一个人彼此之间也应该能够针对正在考虑的思想对象从事某种程度的理智上的交谈。

当一个人考虑某个大观念时，他能连贯地谈出多少来？关于那个思想的对象，他能提出多少问题来？有多少答案能够提出来以解答这些问题？哪些答案是互相一致的，而哪些是互相对立的？我们若采纳了互相对立的答案，会有什么实际上的差别？而且，一个大观念如何与其他观念相关联？

我不知能否设计出一组书面试题，从而正确地测验出一个人对于大观念是否熟悉。但我比较自信的是，我能设计一组口头测验，是以那些有关大观念的字词为中心，问一些相关的问题。这种方法比目前使用的词汇测验好得多，因为把词汇测验换为思想的词汇测验，所测出的不仅是一个人的语言能力，还显示一个人在理智发展上已达到了哪个阶段。

我早先说过的，哲学思想或人类思想的词汇，其数目几乎可以确定地说不会超过1000个词，也许只有500个词。在Syntopicon里，我列出102个关于大观念的词。在四十多年前，当我从事撰写Syntopicon时，我和同事们认为只有102个词才够描述西方文明那套书所讨论的大观念。但现在，基于不同的目的，我认为我能削减其数目到64个，删的比增加的多得多。

我的目的，不仅是例举出每一个人词汇范围内的字词，而且列举出这些词所指的大观念；对于这些大观念，任何人只要完成了合乎基本人性的学校教育，就都可以合理地掌握住。我将指出的大观念，只有少数是当代思想的产物，或在二十世纪里具有特殊的意义。正如马克·吐温那恰如其分的总结："古人已从我们身上偷走了我们所有的观念"。这里，我按第一个字母排列的先后顺序所列举出的观念，一直萦绕在人类的思想中，但也许并非世界每个地方的人都拥有这些观念，因为我们必须承认，它们是西方思想特有的观念。

动物（animal）

艺术（art）

美（beauty）

存在（being）

原因（cause）

机会（chance）

变化（change）

公民（citizen）

宪法（constiution）

民主（democracy）

欲望（desire）

责任（duty）

教育（education）

情绪（emotion）

平等（equality）

进化（evolution）

经验（experience）

家庭（family）

上帝（God）

善与恶（good and evil）

政府（government）

习惯（habit）

幸福（happiness）

荣誉（honor）

想象（imagination）

判断（judgement）

公正（justice）

知识（knowledge）

劳动（labor）

语言（language）

法律（law）

自由（liberty或freedom）

生与死（life and death）

爱（love）

人（man）

物质（matter）

记忆（memory）

心灵（mind）

自然（nature）

意见（opinion）

欢乐与痛苦（pleasure and pain）

诗（poetry）

进步（progress）

惩罚（punishment）

推理（reasoning）

关系（relation）

宗教（religion）

革命（revolution）

感觉（sense）

罪恶（sin）

奴隶制（slavery）

灵魂（soul）

空间（space）

国家（state）

时间（time）

真理（truth）

专制（tyranny）

暴力（violence）

美德与恶行（virtue and vice）

战争与和平（war and peace）

财富（wealth）

意志（will）

智慧（wisdom）

世界（world）

这份表可以依照下列方式增加几个项目。在政府之下，我们可以列出民主与专制。在美德之下，我们可以列出勇气、节制与节俭。在知识之下，我们可以列出历史、数学、医药、哲学、科学、神学，甚至加上天文学、机械学与物理学。即使加了这些，数目也绝不会超过一百。

关于上述的大观念，读者可以对自己家人或朋友提出那些我早先提出过的问题。不幸的是这本书所包括的材料不足以决定有关大观念的问题是否得到了正确的解答。不过，对于我在书中所选择的真、善、美与公正、平等、自由六大观念的问题，这本书会提供正确的答案，此外我还会指出这六大观念与其他一些观念的关系。

这些彼此互相关联的六大观念为什么可以作为所有大观念的全面模型的一部分，以及它们处在这个全面模型中的哪一个位置，我将在下一章讨论。

4.选择出来的少数观念

上一章列举的六十四个大观念都是人类思想词汇的成分，为什么我只选择真、善与美以及自由、平等与公正呢？

当我们注意这六个词时，一个答案很快可以出现。除了美以外，其他五个词在美国独立宣言的第二页开头几行中都是中心词：“我们坚持这些真理……”；“人生而平等”；“天赋人权”（这种权利正是公正的核心）；“在那些当中的乃是生命、自由……”；“道出他们的公正力量”。而且，如果我们了解“幸福”意指过好的生活，那么“追求幸福”就需要我们先了解构成好的生活的因素是什么。

此外，如果我们翻开美国宪法的前文，就会发现它为美国政府所制定的目标：建立公正、保障自由、增进一般福利（“福利”这个字词如同“幸福”，需要我们先了解善的观念）。

最后，林肯在葛底斯堡演讲中谈到一个国家“洋溢着自由的气氛，而且致力于人生而平等的事业”，这里他又提出了这些观念的新信约。

在前一章里我们指出，每一个人都要唤起人类共有的一个素质，也就是良好的公民以及有思想的人的素质。为了履行人们共同具有的责任，学校教育应该基本合乎人性，也就是说，至少应该提供对大观念的介绍，并提供如何熟悉这些大观念的方法。

如果上面的说法是对的，那么我们应该从哪一个观念入手呢？换言之，要能使一个公民保持公职而且能以谨慎的态度履行职责，哪一个大观念显得最为重要？这个问题的答案是，我们必须理解观念，以保证对共和国理想的忠实，而不只是坐而论道，或盲目地接受党派之言。

一个人如果有理智而又富有思考地阅读了那三份构成美国圣约的重要文件，就能比我们现在高中或大学毕业生更能理解观念的意义，这是因为这个国家的基本学校教育已经很遗憾地脱离了它应该具备的合乎人性的一般教育。那种对观念的深入理解确实是我们成为这个共和国家中的良好公民的最低要求。

暂时把在民主国家内公民的责任撇开，让我们谈所有人类共同具有的素质的另一个因素，即对成为有思想的人的渴望。这使我们得到了为什么我们选择这六大观念的答案。这个答案对于前三个观念（真、善、美）与对于后三个观念（自由、平等、公正）多少有点差异。

不过，对于这两组三个为一组的观念，有两点是相同的。在每一组中，三个观念事实上互相制约；我们很难只讨论一个观念而不涉及其他两个观念。在这两组观念中，各组中的三个互相关联的观念有一个具有支配的地位，而另两个受其统辖——在真、善、美的一组中，真具有支配地位，在自由、平等、公正的一组中，公正具有支配地位。

也许还有一点需要加以补充。每一组观念都以各自的方式揭示了其他的一些观念——在一些其他观念中，各个观念也是彼此制约的。自由、平等与公正这一组观念作为一个整体与其他观念相互制约，但在真、善、美一组观念中，并不是整个一组而是三个观念各自与其他观念发生制约。

如果说选择出来这六个观念构成了一个中心，以此可以阐释整个大观念的领域，或者至少阐释前一章所列举的六十四个大观念，就显得过分了些。不过，我选择出来以探讨人类思想基本对象的起点的这六个观念，确实能够阐释许多大观念。因此，一个人如果想真正成为有思想的人，怎么能不从事这项探讨呢？如果从事，最好从哪里入手呢？

为了找出这六个观念与其他观念的关系，我们有必要认清前一章所列举的大约六十个观念的编组型式——这个编组型式纯粹是按字母顺序排列成的。然而，按字母排列编组并不是聪明的方式。

我们首先考虑自由、平等与公正这一组观念，这组观念是以一个整体阐释其他观念的。这三个观念是我们在社会中时常会碰到的观念。它们所代表的理想是绝大多数的人为自己及下一代而努力实现的目标。

一个生活富足地独居在热带岛上的人是不会因为生活的压力而站出来要求自由、平等与公正的；也没有任何场合可供他去为他们而奋斗。只有在共同合作与互相竞争的人类社会里，才会想到要求自由、平等与公正，而且也只有在社会里，才会从事支持自由、平等与公正的活动。

这里所谓的社会，可以是家庭社会，也可以是城邦社会——平民社会、政治社区。对自由、平等与公正的要求，以及所采取的行动是与社会组织特别是国家或平民社会的政治组织以及经济制度的利益息息相关的。

这些要求与行动可能是或可能不是公正的；它们可能足以或可能不足以保障所有的人的自由，可能提供或可能提供不出境遇的平等。对于自由、平等与公正的考虑涉及了公正标准的运用，也就是把公正的标准运用到国家法律之上，特别是宪法所特许的国家基础法律结构。同时，这种考虑也与作为一名公民的资格以及财物的分配有关。

我们如果要了解政府本身以及政府的各种形式，特别是宪法政治与独裁政治的比较；如果要考虑民主的要求以及它所面对的来自大多数独裁的恐吓；如果从奴隶制以及人类受压迫的其他形式退缩下来；如果我们认为暴力与战争是削弱社会体制的病源，而同时又认识到那些可能涉及暴力与战争的革命有时是解决权宜之计的彻底手段；如果希望以和平的方式解决人类彼此之间的冲突——如果我们要考虑这些事情，却没有察觉到我们在思想的每个角落里必须依赖对自由、平等与公正的理解，那么我们就无法深入地考虑这些事情。

因此，我们对自由、平等与公正的理解就可以扩散到许多其他观念的考虑。抛弃按字母顺序排列，它们是：公民、宪法、民主、家庭、政府、法律、革命、奴隶制、国家、专制暴力、战争与和平，以及财富。

现在我们转到另一组观念：真、善与美。这三个是我们用来做判断的观念。不同于自由、平等与公正这三个与行为有关的观念，真、善与美这三个观念不仅在公共生活里，而且在私人生活里同样起着作用。一个舒适的独居人，依然有机会去判断事物是真或假，评价是善或恶，辨别是美或丑。

一个人与其他人交流时，他也会做出关于真假的判断、善恶的评价以及美丑的辨别。不过，离开社会生活的所有环境，他的心智就无法做出这样的判断、评价与辨别了。

思考自由、平等与公正，涉及了有关你与我的思考——有关自己与其他人的关系的思考。

思考真、善与美，至少第一步就涉及了我们生活的整个世界——我们对这个世界所拥有的知识，我们由这个世界所引起的欲望，以及我们对这个世界的欣赏。这里，它强调的是自己与其他事物的关系，而不仅仅是自己与其他人的关系。

在认清真、善与美的重要性时，我早先说过，我们必须注意这三个观念的每一个是怎样影响互为关联的其他观念的。现在让我们看看这是如何发生的。

我们如果没有弄清知识与意见是如何与真理相关联的，就无法了解二者的区别。我们在诗词里发现的真理并不同于我们在历史、科学或哲学中所要寻找的真理。关于真假的标准以及我们为了肯定或否定任何事物而用来检验该事物的真理性的设计，从数学到经验科学，从经验科学到哲学，从哲学到神学或宗教，都是有所差异的。

判断乃是断言某件事物是真或假。我们如果无法解答各种真理模式的基本问题，就无法了解我们所做的判断——不管是事实判断，还是价值判断。

我们也必须问真理是否只存在于心灵的判断之中，或者也存在于当我们使用语言时所做的判断之中；在感观、记忆、想象以及在心灵中是否存在着真理；使我们推理正确的那种真理是否相同于使我们的判断妥当的真理；诉诸经验是否总是检验真理的最终极标准。

这里有一些观念，我们若能了解真理就能更加了解它们，这里不按照字母顺序排列：经验、想象、判断、智识、语言、记忆、心智、意见、诗、推理、宗教；我们还可以增加一些与智识和意见有关的观念——数学、哲学、科学、神学。

善的观念有它自己影响所及的领域。我们不想值得追求的东西便无法想到善事物，除非也想到值得追求的事物，不想到善的事物也就无法想到值得追求的事物。我们经常使用“善”这个字眼的场合是用来形容“善人”“善意”以及“善好”的生活。

我们要理解其中的含义，就得把美德看作是基于善意的好的习惯，把幸福或惬意的生活看作是好的事物的积累。例如财富、荣誉、友谊与家庭的爱，正当的快乐与避免痛苦，知识特别是智慧，以及健康的生活，自由、平等和公正、和平的好社会所提供的生活条件。

我们对善的理解可以扩及为以下的观念，不用按字母顺序排列：要求、家庭、习惯、幸福、荣誉、生活（指健康的生活）、爱、人类、快乐与痛苦，美德与恶行（或许还有罪恶）以及意志。有人可能会更进一步，把情绪列为一个观念，因为在两种努力中涉及了情绪，这两种努力即决心使自己成为善的努力，以及决心使自己拥有美德的好的习惯的努力。我们如果增加了罪恶这个观念，或许就无法避免有关上帝的善以及与上帝相关联的人类之善的问题。除了这些以外，我们不能不注意到，对善的考虑也涉及了我们在其他方面已经述及的观念：不只是知识与和平，还有另一组的三大观念：自由、平等与公正。

美涉及的其他观念的范围最小。我们期望在艺术与诗的作品中发现美。特别是那些被称为“美术”（fine arts）（“工艺”useful arts对称）的产品。我们也期望在自然事物中发现美。美就像善一样，被认为是我们喜爱与追求的对象所固有的。美给予我们某种快乐的经验，这种经验发生在我们认知（与感觉、想象与心智有关的认知）的领域内，而不是在我们行动的领域内。因此，与美有关的其他大观念，按照字母排列计有：艺术、追求（也许还有情绪）、经验、想象、知识、爱、心智、快乐与痛苦、诗以及感觉。

读者如果仔细地考查我选出来的六大观念与其他大观念之间的关联，就会发现这六大观念的两组中第一组比较基本，它支配了第二组。它所围绕的价值是超越的、普遍的，可适用于每一事物。这就是我们将以这组观念为开始的理由。这本书的第二部分将讨论我们用来判断的观念（真、善与美），然后在第三部分讨论我们生存以及行为所需要的观念（自由、平等与公正）。

在第二部分和第三部分的各章里，我将从常识的角度讨论各个观念，而不依赖复杂的分析和论证。这里，当然还有更多要说的。大观念几乎一直引出了一些具有挑战性的问题，大的哲学问题多数是有关大观念的。

关于这些问题，那些一生致力于哲学思索的人一直都在争论，他们需要比这本书介绍性的探讨更广泛的思考。可能有一些读者希望获得比这本书更多的思考问题。对于这些读者，我附加了第四部分，在这总结的部分，我提出一些他们可以思索及争议的问题，而对这些问题他们可能尝试得出自己的结论，或者根本无法做出自己的判断来。

第二部分

我们据以进行判断的观念：真、善、美

5.说谎者与怀疑论者

我们可能是说谎者，也可能是怀疑论者，但不可能同时是两者。当然也可能二者都不是，那是最好不过的。

如果有人说他什么也不知道，因为没有一件事物是可认知的，或者他声称没有任何一种说法可以认定为真或假，显然这个人是在避免说谎。他的极端的怀疑论调使他脱离了我们居住的世界，根据他的看法，我们有幻觉，觉得居住在这个世界里是可以辨别真假的。

不论是幻觉与否，说谎者有意欺骗他人某项事实时，这个说谎者至少认为他知道真与假之间的差异。如果他完全不知道那项事实，或者对它相当怀疑，就不可能说谎。

以不诚实的珠宝商为例，他诱劝顾客购买一只他声称镶有高级钻石的戒指，同时也清楚自己正在出售的只是一只相对无价值的赝品。他只是在有意说谎；如果他像怀疑论者那样，认为没有任何事物可论真假，并且认为他的说法“镶在这只戒指上的石头是一颗钻石”可以既非真也非假，那么他就不可能有意地说谎。

不过，怀疑者可能说一种谎言。一个怀疑论者虽然忠实于他所持的怀疑论，但仍可能以假装自己不是怀疑论者而欺骗别人。当怀疑论者心里真正认为没有所谓真与假这种东西时，他没有诚实地表白自己的怀疑论调，却反而口头上宣称他认为某些说法是真的，而某些说法是假的；这就是怀疑论者的谎言。

这一点为我们正确地指出了说谎的本质。所谓说谎，是指把自己心里所想的完全相反的情境——与自己的心态完全相反的情境——以言辞表示出来。如果你的房东认为房租没有上涨，反而巧言告诉你房租涨了，那么他是在向你说谎。当然这种谎言必定是有意的，而且为了获取某种便利而故意进行欺骗，不管受骗人会遭到怎样的伤害。

说谎常被指责为在道德上是错的或不公正的，这种指责是因为欺骗往往导致伤害。我们常常说的“善意的谎言”通常不受指责，反而被宽恕，原因是这种谎言是无害的欺骗，甚至会使受骗的人蒙利。但不管假的说法是否会使受骗者导致伤害或蒙利，它仍然是假的说法，因为这种说法所陈述的并非与这个人心里实际上想的一致。

因此，以言辞表达出来的说法的真假，在于那些说法是否跟说话人的心态相吻合；可以换个方式说，以言辞表达出来的说法的真或假，在于那些说法是否与说话人心里想的相一致。如果一个以言辞表达出来的说法所表达的意思与心里所想的意思相反，那么这个说法是假的；换言之，如果以言辞所表达的与心里所想的或所感受的不相一致或不吻合，那么以言辞所表达出来的就是一个假的说法。例如，如果我告诉你我牙疼而事实上我没有这种痛感，那么我所告诉你的就是假话。

曾有人指出，一个人之所以会说假话，是由于他有意错用关键的词。如果不那么夸张，从文法上说也就是当一个人应该使用“不是”时却错用了“是”这就是假话，或者当一个人应该说“是”时却误用了“不是”，这也是假话。那个不诚实的珠宝商应该说“这不是钻石”，但他却说“这是钻石”；他本该说与他的断言完全相反的话，因为他清楚那不是他所说的钻石。

我们指出某个人是说谎者，是指责他或她的道德品格，我们通常是谴责那个人的一种习惯性的倾向，也就是说，每当某种利益可以从欺骗中获取时，那个人就有说假话的倾向。我们小心地注意那个人所说的假话，这样才更可能不受骗，避免遭到伤害。

我们之中，除了那种有习惯性说谎倾向的人，有哪一种人不会承认自己已说了谎，不管那是善意的还是非善意的谎话？据此，我们把自己与极端的怀疑论者区别开来，极端的怀疑论者发现到要说谎是不可能的，也许除了他企图隐瞒他的怀疑心态的那种谎言。不同于极端的怀疑论者的是，我们并没有拒绝认为某些说法是真的，另一些说法是假的，有时可以比较确定，有时则不确定。我们所认为的真话是指那些不仅诚实地表达我们的相信的话，而且我们的判断也是如此。

这里也涉及了一致或吻合的关系，但这是介于一个人所想的、所相信的、所判断的或对自己所叙述的事物与事实上是否存在的事物之间的关系。当我把有说为有、把无说为无时，我的断言是真的。当我把有说为无，把无说为有时，我的断言是假的。

前面我们讲过了，真话在于所说的与所想的是一致或吻合的，同样，思想的真乃在于所想的、所相信的或所评断的与事实上存在的或不存在的是一致或吻合的，这里所谓的事实独立于我们心智，独立于我们对某件事物的思考。

上面我们对真所下的定义回答了“真是什么？”的问题，但关于任何在我们内心里的特殊意见或信念，这项定义并没有回答“它是真的吗？”的问题。那是更难回答的问题，即使是接受了真的定义——真乃是心智与事实之间的一致或吻合——的人，要回答这个问题也是很难。极端的怀疑论者拒绝这项定义，因为它预设了有可以与心智状态相吻合的实在状态，所以他要回答第二个问题更难，还会认为是不可能有答案的。

怀疑论者指责这项定义有了错误的预设。他使用了“错误”这个词，是否使他的指责失效呢？他一方面说事物不可辨真假，另一方面却说在真的定义里所涉及的预设是错误的（也就是假的预设），他这样没有自相矛盾吗？

我们现在就来讲一个历来用以驳倒极端怀疑论的论证。我们不能说它真假可分，或说不存在我们上面所说的那种真理，否则就会犯自相矛盾的错误。如果怀疑论者认为他用以表达他有关真理的怀疑论调是真的，那么很有可能许多其他叙述可以为真或假。如果那个怀疑论调非真非假，那么我们又何必在意他所说的呢？

怀疑论者不是自相矛盾，就是迫使我们中断与他的交谈，因为跟他交谈不会有结论。对于一个对任何问题都可以同时予以肯定和否定的人，是没有什么可谈的。

极端的怀疑论者并没有接受推理规则——如果我们能避免的话，就不应该自相矛盾——所给予我们思考的限制，所以我们如果以这项推理规则来反驳他，是不会使他屈服的。他并不反对做道理不通的事。我们可能自觉得已经反驳了他，但仍没有使他承认已被反驳而应该放弃他的怀疑论调。我们认为他的论调是自相矛盾的，所以是自我驳倒的，因而被迫做了跟他没有什么好谈的判断，这是我们跟怀疑论者交谈的唯一可能的结果。

我们是基于常识的观点，来排斥极端怀疑论者的自相矛盾与自我驳倒的论调，认为那是不合理性而且是不切实际的想法。如果我们接受极端怀疑论者的论点，那么我们日常的生活就很难协调。在日常生活里，我们深信自己可以确定真假，而且在各种程度的确定性之下多少可以辨别什么是真与什么是假。几乎我们所做的或所依靠的每一件事情都是基于这个信念。

举一个例子，就足够解释这点。在法官面前，我们接受陪审团的判决，以决定争论性的问题。是否有人目睹在被告席上的嫌疑人曾逃离了罪案现场？死者的最后遗言是否是在身心健全的状态之下所签署的？见证人被要求出庭作证回答这些问题，辩护律师对见证人直接盘问则将增强或减弱陪审团对这些见证人的可信度。

所有的证据都收集齐全后，陪审团进行详细考虑，然后判决事实叙述的真实性，换言之，在刑事诉讼上已没有推理的矛盾，而在民事诉讼上已有充分的证据。

那就是“判决”这个字词的意义——即对真理的断言。如果被陪审团判决的嫌疑人事实上没有犯被控诉的谋杀罪，那可能是陪审团高估了那个曾看见嫌疑人逃离现场后见证人的可信度。那项判决也可能是由于陪审团采用了该嫌疑人在案发时不在现场这个更可相信的证明。陪审团从没有怀疑，这两种可能性必居其一：那个受指控的谋杀者不是有机会去犯案，就是没有机会去犯案。

极端怀疑论者所指责为错误的预设，在那些以常识的眼光看待生活的人看来并不是这样。常识观毫不迟疑地断言在某段时间内某个特殊事物存在过或不存在过，某个事件发生过或没发生过，某件被考虑的事物具有或不具有某种特征或属性。持常识观点的人毫不迟疑地肯定了这种实在观点，这不是一种毫无理智的假设，更谈不上是错误的假设，假设有与我们的信念或意见相一致或不一致的实在界的存在。

通过所谓的真理常识观，我仅仅指以非怀疑论的观点来了解真理的所在——也就是一个叙述是真非假的意义是什么。除此之外，持常识观点的人并不怀疑某些叙述是真的而其他是假的，而且有一些方法可用来发现哪些是真的哪些是假的。

陪审团虽然没有明显地感觉到，但确实是以常识观点，毫无疑问地接受了那个被控谋杀的人不是有就是没有机会去犯罪的事实。如果是如此，那么有机会或没机会二者之间必有一个是真的，另一个是假的。因此，陪审团做判决的逻辑根据，首先是在于他们接受在真理定义中所涉及的而怀疑论者斥之为错误的预设；其次是在于他们深信只要仔细考虑收集得来的证据，就能清楚地确定那两个对立的叙述哪个为真哪个为假。

在第一个逻辑根据中，陪审团隐晦地承认真理定义的正确性，即承认真是心智与实在二者的一致或吻合，换言之，他们肯定有一个独立于心智之外的实在界的存在，而且不论我们如何思索，这个实在界仍然恰如其分地存在着。

在第二个逻辑根据中，陪审团隐晦地承认，除了知道真理所在之外，他们还能使用他们的思维去发现一个既定的说话是真或假。

人类一直因做伪证而受控诉，而且被判有罪。当他们被要求起誓说真话、全部说真话时，如果作假就会被发现有罪。如果怀疑论者对真理的否定是正当的，那么每一个见证人在法庭上所做的起誓，以及如果违背誓言将因做伪证而受控诉的恐吓，都将是可耻的滑稽。

司法审判程序以及陪审团的判决是许多例子的其中一个，还有许多例子可以指出常识观点如何广泛地应用到日常生活的实际事务上——在企业与商业界、在专业实务上、在养育孩童以及家庭生活的其他层面上、在对竞选公职候选人的主张或商业广告内容的考虑上、在买卖上、在各种经济交换上，以及人类彼此之间的互处上。

在后面的几章里，我们进一步考虑真理时，将考虑一种特殊情形：不能说真话是由于疏忽或错误，而不是由于故意地搪塞。如果一个人对事实的看法是错的，而且无意欺骗，那么当他以言辞表达他的看法时，他显然无法说出真话来。

判断一个人所说的话是假的以及判断他在说谎，二者之间是有明显区别的。那个人的叙述可能是假的，而他不必然是说谎者。虽然他试图很真诚地表达内心所真正思考的，但可能因为错误或疏忽而说错了话。

例如向某个人问路，他可能很诚实但又错误地认为某条路是通达我们目的地的捷径。当他告诉我们应该走哪一条路时，他说错了，但他并没有说谎。然而，如果他事实上知道另一条路更快通达目的地，而不告诉我们，那么他的话不仅是假的，而且是谎言。

6.较温和的怀疑论

读者也许已经注意到，我在前面一章所讲的怀疑论是被认为极端的。怀疑论事实上采取更温和或更稳健的形式。

有三种较温和的怀疑论，特别值得我们注意，因为它们相当普遍，而且影响我们对真理的了解。其中有两种会导致错误，我们应该避免，但第三种可以作为健全的怀疑论的尺度，我们的智慧鼓励我们采取这种怀疑论。

古代有位哲学家皮浪（Pyrrho），他一直被认为是极端怀疑论的卓越支持者，因此在西方思想史上，极端的怀疑论往往挂上“皮浪主义”（Pyrrhoism）的标签。当代哲学家休谟曾试图在皮浪主义与较稳健的怀疑论之间划清界限，也就是区别有智者拒绝接受的极端怀疑论以及智慧所推介的较温和的怀疑论。

休谟声称：“用来推翻皮浪主义或怀疑论的过分原则的主要利器，乃是日常生活的行为、实际运用与工作。”他接着说：

这些过分原则可能在学校里繁殖得胜；在学校里，确实很难（如果不是不可能）驳倒那些原则。但一旦那些过分原则离开了学校，来到日常生活中，只要那些刺激起我们的热情与情感的实际事物出现，它们就陷于与更顺合我们人性的更有力的原则的相对地位，于是像烟一样消失，最顽固的怀疑论者也因此处在与其他人同样的境况。由此，休谟下结论说：

皮浪主义者无法期待他的哲学会对心智有任何连续的影响，即使对心智有影响，也无法期待会对社会有任何利益。相反的，如果他肯承认任何事情的话，就必须承认，如果他的一些极端怀疑论原则普遍地逐渐扩散，所有人类的生命就必定灭亡。所有的人际交往、所有的行为将立即停止；人类停留在完全昏睡的状态，直到自然的必然事物不满意地停止了它们那种凄惨的存在。

休谟同时也想到，他所评价为“可持久而且有用的”稳健的或“更温和的”怀疑论，乃是通过常识观点以及反思之后对极端怀疑论的纠正而来的。温和的怀疑论始终弥漫着淡淡的怀疑气息，这种怀疑气息应该伴随着所有或大部分我们所做的真与假的判断。这种温和的怀疑论应该承认人类的心智有弱点，人类的思考因而有可能弄错的情况。这种温和的怀疑论介于两个极端之间，也就是休谟所谓的过分怀疑论和过分独断论；所谓过分的独断论是截然地断言某些事务的确实性与正确性，而事实上确实性与正确性是不存在于那些事务之中的。

在考虑这种温和的怀疑论如何影响我们真理之前，我愿意简短地讲一讲其余两种怀疑论，这两种论调涉及了一些能够而且应该避免的错误。一种是人们对一句话的误解而犯的错误：“那可能对你来说是真的，对我而言就不是了。”另一种也是由于对一句话的同样广泛的误解而产生的错误：“那在以前可能一直是真的，但现在已不是了。”

前一种误解是由于未能辨别一个命题或说法本身固有的真或假以及一个人对那个说法的真或假所做的判断。我们对什么是真的所做的判断可能有差别，但并不会影响我们所判断的对象本身的真。

让我们以对卡罗拉多山脉中超过一万四千尺高的山峰数目所持的不同意见为例子。有个人说有五十座山峰，另一个人说："并非如此。"卡罗拉多山脉的峰顶数目是某个确定的整数，所以说数目有五十个可为真或为假，不管那些争论山峰数目多寡的人如何争论这件事。

一个叙述的真或假来自它与确定事实的关系，而不是它与人类所做的判断的关系。我可能对事实上是假的叙述做了是真的肯定判断。你可能对事实上是真的叙述做了是假的否定判断。我的肯定与你的否定丝毫无法改变或影响你我所做错误判断的那个叙述的真或假。我们不是以肯定或否定那两个叙述而使它们为真或假。叙述本身具有真或假，而不论我们对它的思考、我们对它的意见，以及我们对它所做的判断。

不同的陪审团听取了特案的证据之后可能会做不同的裁决。虽然在法庭上受审的刑事被告在某陪审团看来可能是有罪的，在另一陪审团看来是无罪的，但两项判决必有一项是对的而另一项是错的，因为刑事被告不是有罪就是无罪。如果有罪，那么宣判被告有罪的判决便是真的，即使某陪审团宣判了不同的判决也不可改变。

把对真话或假话的辨明等同于我们对事实的真假辨别，这项谬误是很容易纠正过来的。那些坚持可以等同的人，是把真与假转变成完全主观的事。他们事实上是提倡一种立场，即对我是真的事物就是真的，就是真理的全部。

换个方式来说，他们主张除了对你我是真的之外没有任何真理可言。当某件事物对我而言是真的对你而言不是真的时，我可以企图改变你的意见而赢得你采取我的意见，但即使我成功地说服你认为我的意见是正确的，我们在客观意义上并没有比我们的意见有歧异时更加接近真理。

真理的主观层面在于一个人为他自己所下的判断的正确性做断言。真理的客观层面乃在于两个方面之间的吻合或一致，也就是一个人所相信的或所认为的，与当他拥有某项信念或意见时所下判断的有关实在之间的吻合或一致。客观才是根本的。

忽略了客观的方面，或者没能辨别它与主观方面的不同，就会抹杀“真的”这个词的意义。这种情形的发生，往往是当一个人声称某个叙述对他而言是真的，而且补充说“那就是真理的全部”。他最好应该说他所称为真的叙述，是因为他喜欢那个叙述，而且那就是所谓的真。

我们一直在考查的怀疑论的形式，有时被称为“主观主义”，有时被称为“相对主义”。这种形式的怀疑论普遍地流行，即使那些不认为自己沉湎于怀疑论的人也会不自觉地跟着流行，他们之所以不认为自己沉湎于怀疑论，是因为他们不认为自己采纳了所谓没有任何事物是真或假的极端怀疑论的观点。不过，他们却让自己陷入了过分的怀疑论之中，因为他们拒绝承认：只要我们记住，一个叙述的真在于它与实在之间的关系，而不在于它与我们对它所做判断之间的关系，然后努力辨别什么是客观真或什么是客观假，就可以解决有关真假的主观意见的差异。

跟这种怀疑论很类似的是相对主义，一个命题的真依赖于时间和空间的情境。每一个人都很熟悉这样的评论：“在中世纪时可能是真的，但现在已不再是真的了”，或者“对原始民族可能是真的，但对我们不是真的”。此处的错误跟从前一样。

在几世纪前的人认为地球是平的，这种说法现在已经普遍地被排斥。这不应该解释为客观的真已经改变了——过去是真的已不再是真的了。如果这个行星是球形的在现在是一项客观的真，那么这个行星是平的在过去也不可能是真的。有所改变的不是事物本身的真，而是曾经有人主张的意见不再流行了。

另一个例子可能有助于弄清楚这一点。一个国家的人口数目是随时间而改变的，但一个有关该国在某段时间内的人口数的叙述仍保留为真的，即使后来它的人口数已增加了。一个有关美国在某一年的人口数的叙述，若加上了确定的年期，只要计算是准确的，就永远是真的。

“永远”是一段很长的时间，“永恒常不变”是一个强烈的字眼，然而我们必须说的是，如果一个既知的叙述一旦是客观的真，那么它的真是永远不变的真。许多人很可能会认为这是一种粗暴独断的主张，有不敢碰这种主张而退缩的冲动，但我们要记住，这种主张并没有排除我们有关真假的判断是随时随地变动的观点。随着时地而变的是我们对真与假的事物所拥有的意见，而不是客观真与假的事物。

有时，有些改变只存在于我们的思维中，而不在于实在之内，也不在于永恒不变的实在与我们对那实在所做的叙述二者之间的关系中。有时实在本身会变，例如，当新的有机体品种产生，或旧的品种死亡。不过，经由在某个地层内发现的某个物种的化石，我们可以下一个大意是那个目前消灭的物种曾在某个早期地质时代存在过的叙述，而这个叙述将保持永远不变的真，只要这个叙述在当时是真的。那个物种目前不再存在的事实，并不能动摇有关它早期存在过的叙述的正确性。

我们一直在考虑的主观主义与相对主义涉及善与美比涉及真更多一些。

一个理由可能是，它们涉及真的情形比较容易纠正。我们比较容易辨别真的客观与主观侧面。当我们讨论善与美时，我们将会发现，要辨别主客观两个侧面更加困难。

关于善与美，我们都熟悉主观主义与相对主义的一些说法：“没有任何善或恶的东西，只有思考才使它为善或恶”，以及“美完全是在观赏者的眼睛中”。但不管是涉及善与美或涉及真，我们都有必要辨别主客观的不同侧面，为的是避免再度陷入那来自于不加限制与不加纠正的主观主义与相对主义的极端怀疑论之中。

在进一步讨论之前，让我总结一下。对于什么为真的判断，会因人而异。每个人本身会随着时间而改变自己所相信或主张为真的意见。我们都已说过：“那对我来说是真的，但它对你来说可能不是真的”，以及“我曾认为那是真的，但已不再如此认为了”。如果解释恰当，这样的言论并不排除真理的客观性。相反，这样的言论还诉诸真理的客观性，因为如果完全是主观的，我们就会失去足以采纳的理性基础，无法解决彼此之间有关什么是真的之歧见；我们也没有理由庆幸是否以真的意见取代假的意见而对整个事情的判断有了改进。

基于上面所考虑的，第三种较温和的怀疑论——唯一完全正当的怀疑论——把我们的注意力从真理的客观侧面转移开来，因为它并不质疑真理的客观侧面的存在。这种温和的怀疑论顾及真理的主观侧面，对于我们彼此之间互相冲突与易变的有关真或假的判断提供正确的解释。我们彼此之间的判断有歧异，而且随时在变动，这个事实惊醒我们，唤起了我们谨慎拘束的智慧——也就是不要认为我们的判断是确定安全的，也不要认为是无误的和不能纠正的。

我们往往不同意彼此有关什么是真的事物的判断，而且我们往往丢弃早期的判断代之以完全相冲突的判断，这两个事实应该可以让我们认清，人类的心智在追求真理的努力中显得有瑕疵、多漏洞、易错误。但认清人类心智的脆弱，不应使我们放弃追求真理的努力，不应认为那些劳力是无用或无效果的，而应该使我们避免主张那些事实上令人怀疑的、易变的、可纠正的判断是确定的、终止的、不可矫正的。

一个叙述的客观真理可以是永远不变的，但我们对这些叙述是否为真的主观判断并不是永远不变的。客观真理没有等级之分。一个叙述不是客观的真就是客观的假。但当我们主观地判断一个叙述为真或假时，我们的判断是带着或多或少的确定性，所以我们可以说那个叙述有几分真，或者我们可以说那个叙述的真的或然率有大有小。

根据智慧所采纳的这种形式的怀疑论，并不质疑真理的客观性，但它确实告诉我们要认清：我们能正确地断定为确实无误与终止不变的有关真的判断，其数量是如何地少，而且，在人类尽其所能努力获取真理的过程中，所想要改变与纠正的那些陷入令人怀疑之领域内的判断，其数量却是如何地多。事实上，只有在怀疑的领域内，我们才从事对真理追求的工作。

7.怀疑的范围

什么时候我们应该说："我知道了"，而且可以用完全确定的口吻？在我们表达了一个判断之后，我们什么时候才能有把握地说"这是我无可怀疑知道的事情"？

如果不能达到完全确定的地步，而在某种程度上又有据以做判断的基础，那么什么时候我们应该说"我相信""我认为""我有个意见"，或使用像"据我判断""依我的意见"这类词汇？在我们表达了一个判断之后，什么时候应该补充说："这是我有理由相信为真的事情"？

关于确定范围与怀疑范围之间界线的划分标准，我们可以用抽象的方式表示。虽然以抽象方式表示，但我们仍不难了解这个标准。只有当我们将这些标准用于特殊的场合，以便决定我们的判断有哪些属于确定范围，有哪些属于怀疑范围时，才会有困难产生。

这些标准如下：一个判断属于确定范围，当它（1）不会因考虑由增加或改进的观察得来的新证据而受到怀疑的挑战，（2）不会受到改进的推理所批判，也不会因在我们所完成的推理中发现了不适当或错误而受到批判。在受到挑战与批判之外，这些判断是无可怀疑的。

相反的，一个判断要受到怀疑，如果（1）它因增加或更准确的观察而受到挑战，或（2）它因基于更令人信服或涵摄更广的推理而受到批判。

让我再次以陪审团裁决事实议题时所需要的司法证明来解释这点。在刑事控告案中，所需要的罪证的程度是被定义为“超出理性怀疑范围之外”。但这个定义并没有把陪审团所裁定的判决摈于怀疑范围之外。

法庭要求陪审团所裁定的判决，是在所有提供出来的证据以及辩护律师所提出来的论证之下，各位陪审员都没有理由加以怀疑的判决也就是没有足够他们怀疑他们所裁定的判决的理性基础。

新的证据总是很有可能提供出来，如果真的有新证据，那么案件可能重新审理，而且新的审判可能导致新的判决。同时也可能由于那些会影响陪审团慎重评估证据的诉讼程序的错误，使陪审团的判决被上诉到更高法院去。

最初的判决在它被裁决时是超出理性怀疑之外的，但它并非全然无可怀疑，因为它可能因为新证据的提示而受到怀疑的挑战，或者提出上诉，要求更高法院重新审理诉讼的程序，诉讼程序的错误可能会扭曲陪审团在评估与解释所被提出来的证据时的慎重思虑。

在民事诉讼中，所要求证明的程度，是被定义为“凭证据的优势”。在这里，陪审团的判决所宣判的只不过是，该判决所提出的答案比相反的答案更有可能解决事实存在的问题。当陪审员们在解释与评估证据时，他们发现他们所裁决的判决偏袒于两个答案中的一个。这里与刑事诉讼相同，所增加的证据或陪审团更加慎重的思虑，都可能导致不同的判决。陪审团判决的天平可能转至相反的方向。

在日常生活的事务中，我们所下的许多判断就像陪审团判决一样，不是超出理性怀疑范围之外，就是偏袒于优势的证据。为了所有实际的目的，我们认为第一种判断的概率相当高，因此把它们看作是确定不移的。我们毫不迟疑地使用那种判断，尽管将来可能发现新的证据，或者在我们对证据的思考中可能发现了毛病。根据现阶段我们所拥有的证据以及我们所从事的思考，我们没有理由去怀疑这些判断的真理。但我们应该记住这并不能使它们无可怀疑；并不能给予它们那种能够使它们超出怀疑领域之外的确定性。

真正的确定不疑以及取而代之的所谓“道德的确定”或“实际的确定”之间的基本不同点，在于无可怀疑的判断的最后决定性与不能矫正性。即使我们下了一个在所有实际的目的当中可视为确定不移（正确性的或然率相当高）的判断，它还是一个可能受到纠正、挑战与批判的判断。如果我们将来改变了当初下这个判断的意图，我们还是认为这个改变是合乎理性的。

在广泛的日常事务中——家居生活的活动、对身体的照顾以及在健康与疾病的问题、事业或专业、财政处理、投资、政治取决以及外交政策与国际关系——我们所采取的判断通常都没有超过理性怀疑的范围之外，但它们正确性的概率比与它们相对立的判断还高。就我们下判断之时所拥有的证据以及我们一直对所下判断所做的最好思考而言，我们认为上述那些概率更高的判断更有可能是真的。

我们必须注意“之时”和“一直”这两个词。这两个字词提醒我们，未来总是有可能增加新的证据以及更好的思考，新的证据与更好的思考都有可能改变我们所下的判断的或然率的比重，而偏向于相对立的方向。

怀疑的范围是那些将来可能更好或更坏的判断的范围。至于那些具有确定的终极性与不可矫正性的判断，就不是如此了。

如果我们的判断从有关于日常生活的实际事务，转到有关于历史探讨的结论，或转到有关于科学探讨的发现、假说与理论，甚至转到有关于某些支派的数学，我们还是可以用上述的标准，这些有规律的学科所提供给我们的知识仍有大部分停留在怀疑的范围里。这种对知识的评价对于那些严格划分知识与意见或信念的人诚为一种惊奇，那些人视历史、科学与数学为知识的分支，而不只是意见或信念的组合。

对于他们而言，“知识”的世界具有真理的内涵；事实上，知识与真理的内涵是分不开的。不可能有假的知识，而可能有假的意见与信念。所谓“真的知识”这个措辞是累赘的；而“假的知识”是一个自相矛盾的措辞。

不过，持此观点的人承认历史、科学或数学等有规律的学科是一直在求发展求改进的。他们以及其他每一个人都在谈论这些学科领域的前进知识。他们认为知识有改进，是因为有了新的发现，改进了观察，更加健全的假说有了发展，有了更加周全的学说理论，对现成的资料有了更详尽与更正确的分析或解释，以及改正了推理或有了严格的推理。比较不恰当的陈述由更加适当的陈述所取代——之所以更加适当，是因为它们被认为更有可能为真，或者更加接近所寻求的真理，所以更近似于真。

简而言之，所有这些有机的知识有一个未来，如果目前发现它们所拥有的有关真或假的判断具有终极性和不可纠正性，那么这个将来就不可能存在。不论历史、科学与数学所拥有的将来有多远，这些有机的“知识”所存在于怀疑领域而非确定领域的范围就有多广。

我把“知识”这个词加上引号，只因为这个词有两种意义。同样，“意见”这个词也有两种意义。认清我们使用这两个词所带有的意义，可以克服那些认为没有假知识的人的惊奇，这里由于他们习惯把历史、科学和数学看作是知识的分支，而不是意见或信念的组合，所以不把历史、科学和数学放置在怀疑的领域内。

首先让我们考虑“知识”这个词已经提到的意义。在这种意义之下，知识不可能是假的，所以它所具有的确定性、终极性与不可纠正性是判断在确定领域内所具有的属性。让我们称这种意义是“知识”这个词的强意义。

“知识”的这种强意义的极端反面是“意见”这个词的弱意义。当我们在这种意义下使用“意见”这个词时，所涉及的判断只不过是个人的偏好或偏见。我们没有支持判断的基础，不论是经验的或理性的基础。我们无法以谨慎地累积证据或使用推理来支持那些判断。简而言之，我们没有足够的理由主张那些判断比相对立的判断更有可能为真。

我们比较喜欢建立在情绪而不是理性基础上的意见。这个是任意的，随意的——随我们自己的意思，而不论它的成因为何。因为我们可能任意地采纳相反的观点，所以这种没有根基的意见便落在怀疑范围的最低一层。

在这两种极端之间的，就是一些所谓弱意义知识的判断和强意义意见的判断。这里我们所具有的判断既不是任意的也不是随意的。我们根据理性的基础来采纳这些判断。这些判断接近真的概率，我们可以从这个时候所拥有的证据与我们所做的最佳思考来加以评介——所谓我们所做的最佳思考，是指此时此刻我们对于所收集的证据所做的最佳分析与解释。

此时此刻！未来总是一个贮藏所，它可能贮藏一些额外的或改进的证据，以及扩大的或纠正过的推理。如同我们上面所谈的，这个事实把那些判断置于怀疑的领域。这些判断具有意见的侧面，因为它们可能转变成假的，但它们也具有知识的侧面，因为此时此刻我们没有理由怀疑它们。它们超出了理性怀疑，但并不能躲避怀疑的阴影，因为它们仍然具有未来。

读者如果了解我们一直所做的论证，可能开始奇怪确定的领域是否是一个完全空洞的范畴。如果不是空洞的范畴，那么我们可以在确定领域内发现什么样的判断？

我提出的答案不仅可以适用于日常生活中所做的判断，也就是一般人以常识所做的判断，甚至常识经过哲学反思后所做的判断，它也可以适用在数学与某些（如果不是全部）经验科学的领域内的判断。

所谓自明的真理，在“知识”这个词的强意义之下提供了知识最明显的例子。它们被称为自明的，是因为我们如果要证实它们，可以不必依赖用来支持它们所汇集得来的证据，也不必依赖用来指出它们是经过正确推论而达到的结论所设计的推理。我们能够认清它们的真理，是由于我们当即直接地了解了它们所断言的。我们信服——而不是被说服——它们的真理，是因为我们发现要思考它们所断言的反面是不可能的。我们自由地思考其反面是没有意义的。

自明的真理并不是赘述，它不像“所有的三角形都有三个边”那样琐碎和不足道。三角形是被定义为具有三个边的图形，所以我们无法从上述那个叙述中获得任何进一步的知识。把它与“三角形不具有对角线”的叙述相比较，后者即是自明的，也是有知识益处的，但它们并不是赘述。

后一个叙述的自明性当即直接地来自于我们对三角形的定义（三角形是三个边的图形）和对角线的定义（对角线是不相邻角之间的直线）的了解。从三角形不包括任何两个不相邻的对角的事实，我们可以立即得知三角形内不存在对角线。

我们对于对角线的了解也帮助我们立即得知一个多边形有多少个对角线，其答案是该多边形的边数减3，乘以边数，再除以2。

有时，真理的自明性来自于我们对定义的了解，例如“三角形没有对角线”一类的叙述。有时，真理的自明性来自于我们对一些不仅未被定义，而且也不能定义的语词的了解，例如“部分”与“全体”。

因为我们无法了解一个不涉及全体的部分，也无法了解一个不涉及部分的全体，所以我们无法给部分和全体下定义。不过，我们对部分和全体的了解，使我们不可能在物理事物的场合里想象它的部分大于全体。整个物体总是大于它的任何一个部分，这不仅是真的，而且是自明的真。

没有任何一件东西可以存在又同时不存在，也没有任何一件东西可以在一定时间内具有又不具有某种特征，这两项叙述同样是自明的真。我们对于两件东西的互相作用的了解，也给了我们另一个自明的真。只有实际存在的东西，才有所谓的互相作用。只是一场阵雨不可能把大家都淋湿，仅凭一把雨伞也无法把我完全遮住。

美国独立宣言所提出的有关自明真理的重要例子——人生而平等——中，真理的自明性是怎样呢？很明显，如果“生”这个词被认为是由上帝创造的（created by God），它就不是自明真的叙述，因为上帝的存在以及上帝创造的行为，都需要理性推论才能得到支持——而且，这种理性推论会遭到多方的挑战。然而，假定“人生而平等”是指“所有的人在本性上是平等的”，我们对句子里所涉及的字词要以什么方式来了解，才能使那项叙述被视为自明的真？

首先，我们要确实了解“平等”意指“不多也不少”。因此，如果我们了解“所有的人在本性上”是指“所有的人类”或“同种的所有成员”，那么对于我们而言，所有的人平等就成为自明的，意思是说所有的人之所以为人类，比起其他人是不多不少的。

所有人在某种程度上拥有人类所特有的一些性质；一个人之所以会与另一个人不平等，是由于某个特定性质被拥有的程度有差别，而不是所有人共享的人性有程度上的差别。

我在这个例子上多加以考虑，不仅是因为在以后的几章里处理平等的观念时还会回到这个例子，也因为有关所有人平等的命题必须加以维护，以对抗持相反见解的人——例如，亚里士多德主张某些人在本性上是生而自由的，而某些人在本性上生来就是奴隶；或者过去几个世纪所流行的大男子主义者甚至现在仍有人相信女性是下等人。

我认为人类平等的命题的真能够得到保护，以反对上述的错误，但是任何自明的真，都不需要保护。因此，人类生而平等这个命题虽然是真的，但可能不是自明的真的好例子。

另一类可为确定的真理，是由一些明显的而非自明的真理所组成。我不必跟笛卡尔一样，从我自觉自己思考的事实推论出自己的存在。我直接知觉到我的存在，就如同我直接知觉到环绕于我周围的所有物理对象的存在一样。如果对这类有关直接知觉的判断的真理有任何怀疑，那仅仅是因为蒙上了一层我是否有幻觉的怀疑阴影，而不是因为怀疑我实际的知觉。

当我知觉而非幻觉时，那些我正知觉到的对象是否存在，这又是另一个问题，对我而言，正确的答案是它们仍然存在，但它的真既不是自明的也不是明显的，我们需要推理与论证来维护它的真。如果我们越过对此时此刻所知觉到的对象的判断，而对它们在其他时间与场合的存在进行判断，或对它们的特征或属性进行判断，那么我们就超越了确定的范围，进入了怀疑的范围。虽然我们的错误知觉比错误记忆还少，但我们的知觉以及我们的记忆仍然会产生错误的判断。

把我们的一些知觉或记忆连接起来因而形成的判断，具有那些谈及特殊事物——谈及这件或那件事物，谈及某个特定的事件——的叙述的形式。我们也很容易根据我们的知觉经验来对事情加以概括。事实上，我们最有可能强调的判断，仍是从经验中概括得来的。其中有许多判断是粗心大意的，因而成为无法保证的判断，因为我们已概括化地说了“所有的”，事实上我们应该说“某些”。甚至科学的一般化也有时过分地叙述了情况。在科学史中，我们不难找到许多概括性的例子，到后来由于发现了一两个反例，使那些概括性的判断成为假的。

证明一般化的判断为假，这个验证过程提供给我们另一种属于确定领域的判断的例子。当我们发现一只黑色的天鹅，而使“所有天鹅都是白的”的概括性判断成为假时，我们断定那个概括是假的判断，也就是并非所有的天鹅都是白的，这就是强意义之下的知识——终极的、无误的以及不可纠正的知识。未来不可能有任何东西会改变这个判断，认为“所有天鹅都是白的”的判断是真的。

自明的真的判断，其数量是非常少的。不论是科学家或普通人所下的概括性判断，经过验证而证明其为假的数量很可观；而且我们能加以确定的有关明显真理的知觉判断的数量也是非常多的。但是当我们把确定领域与怀疑领域进行比较时，重要的并不是判断的数量有多少。重要的是，只有在怀疑范围内的判断才具有未来，在这未来里，我们追求真理的努力会带领我们更接近真理。

8.对真理的追求

在各种不同的训练与学习部门中，追求真理的进展以不同的方式完成着——使用不同的方法，以及诉诸不同的设计，以改正错误或扩展知识。数学家用来推论得到较好的新公式时所使用的方法，很少与历史学家发现新观点以及改正对过去事件的看法时所使用的方法相同。实验科学的实验程序以及社会科学收集资料的途径，也不同于数学家与历史学家的方法。

把上述那些方法的不同撇开不谈，在知识的各个分支中追求真理都涉及了（1）要把新的真理附加在旧有的确定真理体系之上；（2）要以更准确或更周全的公式来取代旧有的公式；（3）因为发现了反例，证明那些概括性的判断、假说或学理是假的，因而放弃了它们。

按照上述步骤，真理的范围一步一步地扩展，从而更加接近整个真理。这如同把粗糠从麦堆里分开来一样，当大家都同意的错误与虚假消失之后，也就只有更接近真理了。

在任何一段时间里，我们都不可能完全实现理想的目标——追求到纯粹无瑕的真。真理的追求是永无止境的。真理的追求大都是会有进步的，不过会有一段时间无法进展，阻碍进展的障碍在当时无法克服时，停顿的时间甚至会加长些。然而，人类永远不会因为受到挫折而放弃追求真理的事业。

我们如果追溯追求真理的过程，就会发现，那些有能力做判断的专家——例如，在某个知识分支中学有专长的数学家、科学家、历史学家——已对多数的判断获得一致的看法，他们认为那些判断在他们各自所学的领域里是妥当的或确立的真理。当然，这并不意味所有他们同意的真理都具有确定无误的终极性与不可纠正性。相反，这仅仅是说，虽然未知的将来因为暗藏有反证的可能性而使那些真理蒙上一层受怀疑的阴影，但是那层阴影在目前尚未威胁它们的真理地位，只是那些有能力下判断的专家们暂时停止争论罢了。

如果展望未来，正在进行的对真理的追求欲呈现了不同的图像。在每一知识分支的真理范围的外缘，存在着不是每一个专家都同意的争论点。在每一个有冲突的意见中，产生了探讨、研究、批评与论证，希望借此能解决争执，获取相同的意见。以后，有争执的事务成为确立妥当的事务，于是对真理的追求再把探求的边缘往外推移到另一些仍然值得争论的问题上。

追求真理的方向就是从值得争论的事务走向不再受争论的事务，或从意见不同的区域走向意见一致的事情上。这个方向的每一个步骤，都是人类在努力求知的漫长历史中的一幕戏剧性情节。

简而言之，真理的领域是我们认为若存在不同意见便有所裨益的领域，因为我们认为对这个领域中的事务有所争论，可能帮助我们解决彼此的歧见，进而获得一致的同意。另有一些完全不同种类的事务，我们认为即使对它们有所争论也无法解决我们彼此的歧见。它们就是趣味的事务，而不是真理的事务。

我们都熟悉一句普通的拉丁格言“趣味是不值得争论的”。有关趣味的事务，争论是不得要领的，也是不会有结果的。我们彼此之间的歧见似乎无法调和。对趣味的事务的争论，不会引导我们达到一致的意见。相反，我们应该明智地接受和高兴地容忍有关趣味的各种不同意见。

关于真的事务，另一句相对立的格言应该可以支配这种事务："真理是可争论的"。关于真理的事务，争论是会有结果的。在我们的判断、意见或信念的真理被适当考虑的场合里，我们应该随时准备与那些不同意我们意见的人争论，并且坚信我们的不同点可以解决。智慧在这里并不建议我们打断努力以达成一致的意见。就最后的考虑而论，有关真理事务的不同意见是不被容忍的。

我并不是说，在有关真理事务的歧见难以解决的场合里，我们可以期望在任何一段时间内或通过某些权宜之计而达到我们所寻求的一致意见。我只是说，在有关真理的事务（而不是趣味的事务）中，我们绝不应该放弃努力，以期达到我们所应该寻求的一致意见。放弃就会终止对真理的追求。

我们可能与不易解决的歧见共处一段相当长的时间，但我们并不因此而认为，那些歧见永远要被我们接受。只要我们通过经验与理性的方法进行探讨，努力探求对有争论的问题的解决；以获得一致的答案（即使那一致的答案将来会有所改变或转换），那么我们这种追求真理的奉献就会驱使我们朝真理的方向进行。

对于那些常识能够判断的事务，只要有一两个人持有异议，或对于那些属于特殊范围的知识的事务，只要有一两个学者专家持相反的意见，我们就会对那些事务感到不满意。对于任何真理事务（而非趣味事务），全体一致的同意是人类心智的适当状态。

为了解释真理事务与趣味事务之间的不同，让我举一些例子。

有一种层次表，把各种事务依照确定的程度分等级，很显然，有一些属于真理领域的事务，放在层次表的这一端，而有一些属于趣味的事务，放在这层次表的另一端。让我们先考虑排列在这层次表之两端的一些清楚的例子。

在真理领域的那一端，是数学和与数学有关的科学，特别是实验科学。把这些专业知识放在真理领域内，并不意味着所有数学家或实验科学家在任何时间里对于他们专业领域内的任何事务都能达到完全一致的意见。不过它意味着，当他们有歧见时，我们期望他们能够利用他们专业的方法和技术的理性程序来解决彼此之间的歧见。

层次表的另一端属于趣味的领域，例如烹饪、社会礼节、衣饰或舞式、家居生活的形式等。在这里，我们并不期望人类能够克服彼此互相冲突的嗜好或偏爱，我们也不认为他们应该尝试去克服它们。

在这些事务上，我们并不寻求一致。相反，我们完全默认所有趣味的事务是多元化的，是无法化约为一的。我们认为，企图把普遍的一致性加诸任何烹饪食谱、社会礼节、生活形态或服装衣饰，都是荒谬透顶的。

采纳一种形态而不采纳其他形态，是一种选择的行为，这完全来自于个人情绪的偏爱与文化条件的制约。它是由趣味和周围环境决定的。相反，肯定某些意见或信念为真，以及否定相反意见或相反信念为假，则需要判断，这个判断是由我们正在考虑的事物本质相关证据的可检证性，以及实用性推理的中肯性所内在地决定的。

在处理真理事务上，客观的考虑担负着主要的角色。在理想上，它们应该独立地运动，避免即使很微小的情绪偏爱或一厢情愿的思考的侵入。数学家、科学家与历史学家尝试解决他们的歧见与争论时的实际过程时，要达到理想的境地是很难的。不过它仍然维持一种理想，有了这种思想，我们才能在真理领域与趣味领域内——个性的喜爱、情绪的偏爱、文化的制约占了优势。其实，它们应该而且必须占优势，因为趣味事务的歧异并不让步于理性、论证或有分量的证据。

一个更进一步的两极性明确了两个领域的特点。真理领域是超越文化的，即使无法在既定时间内超越文化，在将来也会超越。数学家或实验科学家所达到的一致意见是超越国界的，而且超越那些把人类分成许多不同的小集团的种族障碍与文化障碍。

真理的领域是不受疆界限制的，它是全球性的。整个人类如果作为世界成员而互相作用，它所能达到的范围很显然是有关真理领域内的事务，而不是只凭趣味的事务。

在趣味的领域内，人被划分为各式各样的类别，而且总是可能保持如此。总有一些人比较喜爱中国烹饪或日本烹饪，而总有另一些人比较喜爱意大利烹饪或法国烹饪。这完全不同于基础算术的原则、代数法则，欧氏几何的证明定理，那些原则、法则与定理并不具有从国籍与文化衍生出来的属性。它们不是中国式的、日本式的、意大利式的、法国式的或其他任何型式的。

以上，我一方面使用数学的例子，另一方面使用烹饪的例子，尽可能清楚地说明真理领域与趣味领域的两种极端；在这两极端之间，哲学意见与宗教信念占在中间的位置。

今天，至少在学术圈里，流行的看法是把哲学意见与宗教信念放在趣味的一边，而不是放在真理的一边。这种看法并非占优势，也不必然是正确的。

许多历代的哲学家与某些当代的哲学家，认为自己是在追求真理，认真地使用理性的方法，努力解决一些有争论的问题。对他们而言，采纳一种哲学立场并不是由情绪偏好或个人偏见所决定的。

因此，留下来的问题是，是什么原因使我们把哲学放在中间——不像数学与实验科学那样清楚地排列在真理的领域内，也不像烹饪或服装衣饰那样清楚地排列在趣味的领域内？答案在于一个无法否定的历史事实。好几个世纪以来，对哲学真理的追求与数学与实验科学的发展相比，很少有明显的进步。而且这些世纪以来，哲学家对根本事务的处理缺乏数学家与实验科学家在处理他们专业领域内有关妥当与确立的真理的核心事务时所能达到的一致性。

从西方文化的轨迹或从全球性的眼光来看，宗教信念的差异显得更无法达到一致，也比较难以用理性的方法解决。这个事实使宗教信念的差异更接近于趣味事务的歧见，对那些歧见即使有所争论，也不会有结果；这个事实也使宗教信念的差异远离于真理领域的歧见，对那些歧见若有所争论的话，不仅有用，而且是必须的。

然而，宗教信念的拥护者很难接受这种看法。正统的信仰者惯于认为他们的宗教信念包含了一个真理信仰。改宗者的传教狂热来自于信仰：要使异教徒皈依基督，不能仅使用情感，而且还要使用理性，才能完成任务。只有打开心灵，以理性迈向真理，而不是用高压或囚禁，才能完成传教的工作。

把哲学或宗教的位置放在区分真理领域与趣味领域界线的哪一边，是个非常困难的问题，所以我如果能够照顾到以下三个简短的考虑，就已经满足了。

第一，不论决定把哲学或宗教放在哪一边，决定本身应该被视为真正值得争论的判断。所以，它属于真理的领域，而不是趣味的领域。

第二，如果我们得到的判断是哲学与宗教在特征上的合成，也就是说它们同时具有真理事务与趣味事务，那么就这两种事务能被区分的范围而言，它们应该以各自所属的领域所适合的方法来加以处理。

第三，只要哲学意见与宗教信念有涉及于真理领域之内的，我们就要把在这范围之内的争论性问题视为可以用理性方法来解决。不管解决它们有多困难，我们追求真理的责任乃是不断的努力，以达到一致——即使到了时间的终止。

当我们认清对真理的拥有是人类心智的最终的善，而且它寓于对真理的追求中，我们就有许多道德的责任需要加以履行了。

对于任何一个人类所下的判断，不论是基于常识观点所下的，还是基于专业知识所下的，我们都必须问：该判断是属于真理领域，还是属于趣味的领域？

一旦决定它属于真理的领域，我们就得寻找和检证那些用来断定它为真为假所依据的理性根据。

如果我们对它的真理的肯定或否定无法与其他人达成一致（不论有关它是否适合于真理领域，或有关它是否为真），那么我们更有一个责任需要加以履行。我们必须采取任何可以使用的探讨步骤，有效地解决这样的不一致。

不论过程多么困难或多么漫长，我们必须永不疲倦地进行下去。我们绝不要认为无效果而中止进一步的探讨，也因为无益而停止争论。如果中止或停止，就是放弃对真理的追求，而把所涉及的事务看作是属于趣味的领域。

只有当我们充分地履行所有这些责任，我们才可以认为自己是一生在追求真理。

9.从真到善和美

在真善美三大观念中，真是支配的观念，犹如在公正、平等、自由三大观念中，公正是支配的观念一样。

前面我们讲了真的问题，辨别了哪些具有确定性判断，哪些是怀疑领域内的判断，辨别了真理的领域与趣味的领域；我们一旦对这些有关真理的考虑更加了解，就为对善与美的进一层了解建立了基础。

我们已经碰到过有关真理的主观侧面以及它与客观侧面的关系，而且我们已经讲过为什么真理的客观侧面是主要的，具有支配地位。对这些问题的考虑将有助于我们探讨有关善与美的类似问题；我们将发现，有关善与美的问题更加纠缠不清，难以理解。

当怀疑论者蒙田说没有任何东西是善或恶，是思考使其或为善或为恶时，他是否说对了？当一般人说美只存在于观赏者眼睛里时，他们是否说对了？

善或美没有客观的侧面吗？我们能否把有关善与恶或有关正当与不正当的判断，某些放在真理的领域内，而把其他的留在趣味的领域内？我们把它们这样分别安置的基础是什么？

美的主观侧面是否交融得太过于紧密，因此无法在美的事例里区别真理事务与趣味事务？“趣味是不值得争论的”，这句拉丁格言是否毫不例外地适用于所有关于善和美的判断；或者，有些判断可以应用“真理可争论”的格言？

我称之为主观主义和相对主义的较温和的怀疑论，不仅弥漫于一般人的心灵中，也猖獗于学术圈里，特别是那些社会学家与其他行为科学家，甚至包括哲学家。我想我已经指出了这两种形式的怀疑论是如何与真理互相纠缠在一起的。我希望我能够说服读者，主观主义与相对主义所犯的错误也能够在涉及善的情形下予以纠正。

避免主观主义与相对主义所犯的错误，其重要性应该是很明显的。如果我们对于善与恶，以及正当与不正当的所有判断完全是主观的；如果这些判断只是情绪偏爱的表达；如果我们在解决善与恶以及正当与不正当的事务时与他人发生了意见的冲突，又无法以理性论证加以解决，那么实际的后果将是深远的。这些后果会深深冲击我们的私人生活和公共生活的每一个角落。

比起有关善的主观主义与相对主义所犯的错误，有关美的主观主义与相对主义所犯的错误较难以纠正。幸运的是，克服后者错误的重要性小一些，至少就它们对我们生活的实际影响而论是这样的。

10.实然和应然

我们每天都要对事物做好（善）和坏（恶）的判断。这样的判断包含在我们所做的每一个选择之中。每当我们鉴定或评价一件事物时，都会有这类判断。这就是那些把善或把某程度的善附属于事物之上的判断为什么被称为“价值判断”的理由。

我们一眼便可看出真与善之间的基本差异。我们通常不称事物为真或假。但有些例外，例如伪币。我们认为伪币为假，纯正钱币为真，但是，我们如此考虑时，是以隐喻的意义使用“真”与“假”二字，是借自于它们在口头叙述或心智判断中的适当应用。

另一方面，“好”与“坏”二字通常应用在物质世界的事物之上，而不是应用在有关它们的思想或叙述上。我们评价为好或坏的事物，也包括人类本身，以及人类意向与行为、人类的制度与产品、人类的生活。在每一个评价的事例里，我们称之为好或坏的是指我们所考虑的对象，而不是我们的思想。

传统的智慧把真与善的差异置于它们各自所涉及的不同关系中。真理存在于思考的心智与它所思考的对象之间的关系中。当它们与我们所思考的对象本身存在的状态保持一致的关系时，我们的思想是真的。善存在于各种对象与我们对它们有所追求的状态之间的关系中。当它们满足了我们的追求时，对象便是好的。

当我们谈到对真理的追求时，我们是把真理当作追求的对象，所以在这种情形下，我们事实上是把善附属在真理之上。就某种尺度来说，对真理的拥有是一种心智的善，这是我们追求真理时所寻求的善。如果我们寻求克服无知与避免错误，那么我们是认为无知与错误是必须避免的恶；在克服无知与避免错误时，我们是在追求知识；所谓知识，是指我们对事物存在方式的真理性的某种程度的拥有。

现在让我们做相反方向的讨论，质问在我们的价值判断中是否有任何真理——所谓价值判断是指对事物善或恶的判断。当这样的判断受到挑战时，大多数人发现会很难用适当的理由来说服他人同意。因为每一个人的追求显然有所不同，一个人认为是善的东西，可能并不被他人赞同。

除非我说了谎，否则我的那项有关我认为某件事物为善的（这等于说我追求那件事物）叙述，乃是一项涉及我的真的叙述，但这项叙述所表达的范围只限于我。所以，如果要求普遍的同意——不只是我同意该对象是善的，而且每一个人都同意它是善的，那项有关该对象是善的判断就不再显得是真的了。

因此，我们遇到了一个很受争论的问题，即价值判断的客观性与主观性的问题。在当代世界里，怀疑价值判断有真假可言的论调到处流行。一般认为价值判断只表达了个人的爱恨、欲望或反感。价值判断完全是主观的，牵涉到做判断的个人。价值判断如果有任何真理存在的话，它们的真是包含在有关做判断的那个人的叙述中；也就是说，它们的真在于做判断的那个人认为某个对象是善的，因为他事实上是在追求那个对象。

如果某些价值判断断言某种对象对于所有人类都是善的，而且对于这些价值判断我们可以论真假，那么价值判断才有客观性可言。价值判断因此就不再完全与做判断的个人的个性有关了。至少某些价值将属于真理领域，是适合大家来争论其为真或为假的。其他一些价值判断可能仍保留在趣味的领域内，而超越了争论所能及的范围。对于前者，我们可以期望人们达到一致的意见，而对于后者，我们就没有这种期望。我们不说善与恶完全是主观的价值，而要说它们部分是客观的价值，部分是主观的价值。

不过，这种说法不被价值判断的怀疑论者（怀疑价值判断有真假可言的怀疑论者）所接受，此外，有一些人把评价某个对象是否为善等同于断言某个对象是否值得追求，至少这些人是不会接受上述说法的。根据他们的看法，善的事物等同于值得追求的事物，所以不可能避免价值判断的主观性，价值判断必然要相对于不同的人的不同要求。

我们并不否认，善的事物是值得追求的，值得追求的事物也是美的事物。但是，我们必须注意“值得追求的”这个形容词的双层意义。当我们说某件事物是值得追求的，我们的意思一方面可以指它事实上是被追求的，另一方面可以指它应该被追求，而不论它事实上是否被追求。的确，当我们说某件事物是令人赞赏的，一方面可以说我们是在说它被赞赏这个事实，另一方面可以说我们是在下定语说它应该被赞赏，不论它事实上是否被赞赏。“值得追求的”这个形容词似乎也有这种双层的意义。

记住这种双层意义，我们就能够问以下具有批判性的问题：我们是否只因为某件事物在事实上是被我们所追求的就认为它是善的，或者我们是否因为某件事物在事实上是善的而就应该去追求它？在这两种场合里，善的事物仍然是值得追求的事物，但在前一种场合里，我们把善附属于对象，只是因为它是被追求的，而在第二种场合里，我们应该追求其对象，只是因为它是善的。

在这里出现的双层意义彼此并不互相排斥。我们能够肯定，某个人基于对某个对象有所追求的事实，他的价值判断中有一些判断是把善的性质附属于了该对象。我们也能够肯定，某个人的价值判断中有一些判断认为对象内存在某些善的性质，这个性质便成了应该追求的目标。

价值判断的怀疑论者认为，所有的价值判断都是种类相同的。所有的价值判断在于一个人根据自己的实际需求而称某个对象是善的。就一个人需求所能及的范围而论，他实际所追求的对象对他而言显然是善的。对于某个人显然为善的对象，对于另一个有不同需求的人而言，则可能显得并不是善的。一个人的食物会是另一个人的毒药。

我们反对了怀疑论者之后，是否因此能辩护以下的观点：虽然有某些对象对于某个人显然是善的，因为它们实际上被那个人所追求，但是还有一些对象应该被那个人所追求，因为它们是善的——真正的善而不仅是显然的善?

为了辩护以上的观点，我们必须跨越另一个障碍。我们现在所面临的障碍是与描述性叙述相对立的规范的规范性叙述所引起的困难。

规范性的叙述或判断断言什么应该或不应该做。有关什么应该或不应该追求的叙述强制了可以或不可以被服从的规范。相反的，一个描述性叙述或判断是断言事物实际存在的情形的，不是它们应该如何。一个有关被某个人所追求的事物的叙述仅仅是描述那个人的事实状况。

有人会问：规范性的指令怎么可能为真或假呢？我们以前不是已采纳了一种观点，认为叙述或判断的真是在于它们与事物存在方式的一致性，也就是叙述或判断的真在于它们与试图描述的事实的一致性吗？如果一个叙述是真的，事实就是如它所断言的那样，或一个叙述是假的，事实不是如它所断言的那样，那么一个断言什么应该什么不应该的叙述又怎么可能有真假可言呢？

即使我们拥有了一切可被获得的描述性真理，我们有关实在的知识以及我们有关事物存在方式的知识又怎么可能帮助我们得出任何一个有关什么应该做或什么应该追求的有效结论呢？

很久以前，怀疑论哲学家休谟已经很正确地指出，只通过一组由一些描述事物存在方式的描述性叙述所构成的前提（不论这组前提多完备），是不能够有效地得出任何一个规范性的结论（具有“应该”叙述的形式）来的。即使我们描述出某个对象的所有性质而且拥有有关该对象的完整知识，我们也依然无法得知该对象的善的性质，或得出该对象应否被追求的结论。

因此，我们面临了两种而不是一种障碍。第一种障碍是以下问题所引起的困难：如果真理存在于叙述里所断言的与事物本身存在方式二者之间的吻合当中，那么规范性叙述如何能够有真假可言？第二种障碍是休谟所提出来的反对：他的反对大意是说，从有关事实存在的真理，我们无法推导出任何一个有效的规范性结论来——所谓规范性结论，是指有关什么应该或不应该做或追求的真的判断。

除非我们能够克服这些困难，否则没有任何一个规范性叙述或判断能够为真或假。如果我们不能真正地说出什么是应该追求的，那么善的事物只有在某个实际追求它的人看来是善的意义下才能为值得追求的事物。我们如果也同意反对值得追求的事物是应该被追求的这一说法，就必须放弃以下的想法：某些对象是真正的善的，以别于那些仅仅显得是善的，而可能不是真正的善的对象。

为了反驳怀疑论的看法，也就是反驳所谓所有价值判断都是主观的，只与个人的需求有关的看法，我们必须指出规范性叙述如何能够是客观的真的。因此我们必须对真理有进一层的了解，也就是说，真理不仅是那种只能在描述性叙述中发现到的真理，它还有更进一层的内涵：了解到这一点，对于我们试图建立价值判断的客观标准是个里程碑。

只有通过这样的了解，我们才能够推导出某些价值判断是属于真理的领域，而不把那些判断贬低到趣味的领域，以至于把这类事情降低为有理性的人不应该为此争论，或期望就它们达到一致的意见。

11.实在的善与表观的善

有关真理的怀疑论早在古时便已露头，面对这种论调，古人也曾反驳过，但有关善的怀疑论就不是如此。

有关价值判断的怀疑论，也就是怀疑我们把善附属于对象之上的有效性，以及怀疑任何包含“应该”或“不应该”的叙述的真理性，是开始于当今世界的。古人虽然没有遇到过怀疑论这方面的见解，但也提供给我们许多思考的线索，使我们能够区别善的具有真理客观性的一面和完全主观的只与个人相关的一面。

当代文明思想的曙光初现时，霍布斯和斯宾诺莎便介绍了这样的观点：“善”仅仅是我们给予那些我们实际上只要碰巧才追求或喜爱的事物的名称。善并不是一种我们可以从事物本身发现到的性质。我们称它们是善的，只是因为我们追求它们。我们如果憎恨它们，便称它们是恶的。

因为追求与憎恨完全是有关个人的性情、本性和偏爱的事物，所以没有任何一件事物能够得到所有人的同意而称之为善或恶。犹如真理的怀疑论者所说，对我是真的事物可能对你不是真的，怀疑论者在这里也同样说，对我是善的事物，可能对你并不是善的。

一个多世纪以后，正像我们已提到的，休谟为有关价值的怀疑论提供了一个新的方向。他指出，根据我们有关自然或实在事实的知识（不论这种知识多么完备）是无法证明任何一个价值判断是真的，也就是无法把善附属于任何一个对象之上，而使所谓所有的人都应该追求该对象的叙述为真。不论在休谟之前或之后，有一些人把善事物等同于快乐，这些快乐论者并没有避免休谟的怀疑论调的挑战和冲击。快乐论者反而加强了休谟的这种怀疑论调，因为使一个人快乐的事物可能不会令其他人快乐；而且，在任何情形之下，与快乐等同的善并不存在于对象之上，而存在于个人情绪经验之内。

休谟的怀疑论调更进一步地被我们这个世纪的某些思想家所加强；他们的名字是与那种被称为“非认知的伦理学”的学说连在一起的。他们使用“伦理学”这个词去指整个道德判断的领域：有关善与恶或对与错的道德判断，特别是那些有关应该与不应该寻求或应该与不应该做的规范形式的叙述。他们把伦理学的认知性去除，而称之为“非认知的”伦理学，是因为他们断言所有关于应该或不应该的叙述都是不分辨真假的。

既然非真非假，这样的断言也就成为非认知的。即使在“知识”这个词的较弱意义之下，它们也不属于知识的领域，换言之，它们不是可检证的或可支持的意见。它们从真理的领域中被抛弃出去，只能流落到趣味的领域。它们最多只能表达个人的偏爱或偏见，完全与个人的感觉、兴致、任性或希望相关联。

如果我们问为什么关于应该追求什么或做什么的判断完全无法决定真假，那么答案则在于我们对真假存在于何处的了解，也就是在于对真理定义的了解。古时的思想家已经有了这种了解，到了二十世纪，非认知的伦理学家也跟着采纳了这种了解。一旦我们了解到一个叙述的真在于该叙述与它所考虑的事物本身的事实的吻合，也就是说，该叙述与它所考虑的事物的真正状态是相一致的，就可以导出一项结论，即只有那些断言某件事物是实然或不是实然的叙述才有真假可言——所断言的如果是事物事实存在的状态，它们便是真的；反之便是假的。

所有这样的叙述都具有对实在描述的特征。其他叙述如果是包含了“应该”或“不应该”这样的词，则是规范叙述或命令叙述，而不是在描述任何事物。我们如果有上述对真与假的了解，因而认为真与假是只有在描述的情形下才能发现到的性质，就无法避免怀疑论者的结论，既规范性的叙述既非真也非假。

我们稍微反思之后，就可以得知，唯一能避免怀疑论者的结论的方法，乃是扩大我们对真理的了解。除了我们较熟悉的那种可适用于描述事实的叙述的真理模式之外，能否发现另一种真理模式，可以同样贴切地适用于规范性叙述或命令式叙述？有关应该的叙述和有关不应该的叙述如何能够为真？

为了回答这个问题，我们必须追溯到古代的文明——柏拉图和亚里士多德的思想。亚里士多德跟随柏拉图，形构了一种真理概念，这在西方思想界中一直被普遍采用——当非认知的伦理学家主张只有描述性叙述才能够为真或假时，他们所涉及的真理模式就是亚里士多德的这种真理概念。但亚里士多德并不停止在那里。他认识到，这种真理模式并不适用于规范性叙述或命令式叙述（他称规范性叙述或命令式叙述是“实践的”，因为是人们行为的准则），所以提出了另一种适合于实践判断的真理模式。

他说，这种真理模式在于实践判断与正当追求之间的一致性，如同我们较熟悉的上述那种真理模式一样，在于我们对实在的描述与我们所描述的实在二者的吻合。

不幸的是，亚里士多德并没有解释正当追求的意义。所以，我们只得自己做进一步的探讨。

什么是正当的追求？显然，这问题的答案必定是，正当的追求在于追求我们所应该追求的，如同不正当的追求是在于追求我们所不应该追求的。

什么是一个人所应该追求的呢？这问题的答案不可能简单而不加限制地说，我们应该追求善的事物。我们已经指出善的事物永远是唯一值得追求的事物，以及值得追求的事物永远是唯一善的事物。正如同柏拉图笔下的苏格拉底一再强调的那样，我们永远不会追求任何我们在追求时不认为是善的事物。因此，我们多多少少必须发现一条途径，用来辨别我们正当追求的善事物以及我们不正当追求的善事物。

我们可以借助于苏格拉底所做的对实然善与显然善的区别。他一再地提醒我们，我们认为某件事物为善，是因为我们实际追求它，但这并不能使那件事物事实上成为真正的善。它可能而且往往变成恶的。在我们追求时对我们显得是善的事物，可能以后或终究会被证明对我们是恶的。我们碰巧对某件事物有所追求的事实，可能使该事物于我们追求时显得对我们是善的，但这项事实却不能使该事物对我们成为真正的善。

如果善的事物总是而且仅仅是因为我们有意识地追求它才对我们显得是善的，那么我们就不可能辨别正当的追求与不正当的追求。亚里士多德所谓实践的真或规范的真的概念就随之变得空洞无力。只有当我们能辨别显然的善（只因为我们在某段时刻内有意识地追求它，所以我们称之为善）以及实然的善（不论我们是否实际追求它，我们总得应该去追求它），这个概念才会有意义。

讨论到这里，我们似乎一直在兜圈子。我们把实然的善等同于我们应该追求的事物。我们把正当的追求解释为追求一个人所应该追求的，这等于是说，正当的追求是在于追求实然的善。至于说一个规范性判断或实践性判断（告诉我们什么是应该追求的判断）的真在于该判断所断言的与正当追求的一致性，那等于是说，如果规范性判断告诉我们：我们应该追求我们所应该追求的事物那么它便是真的。这个说法根本没有什么内容。

避免兜圈子的唯一途径是发现某种方法，以帮助我们认出什么事物对我们是真正的善，而这种善事物不仅仅等同于我们应该追求的事物。如何做到这一点呢？亚里士多德提供我们一个答案，即要求我们注意在追求领域内的一项基本区别。

一方面，存在着一些是我们人类本性即有的追求。它们根植于我们的一些潜能与能力之中，这些潜能与能力驱使我们达到追求的目标。这些是我们的自然追求，也就是我们天生即有的追求。它们具有人类本性所具有的特点，所以它们出现于所有人类之中，譬如人类的脸部特征，骨骼结构与血型。它们不仅像人类本性的天赋性质一样出现在所有人类之中，而且总是有意地（tendentially）或有所求地（appetitively）发生作用（也就是说，它们总是有意设法达到追求的目标），而不论在追求的时候，我们是否意识到这样的倾向或驱力。

另一方面，有一些追求是每一个人在一生的过程中所获得的，这种获得是他或她个人经验的结果，受个人性情以及个人生活环境所制约。结果是，这种后天获得的追求不同于自然的追求，因人而异，如同每个人在性情、经验与生活环境上是互异的一样。同时，当我们有自然的追求时，当时可能并未意识到这种追求，但当后天的追求驱使我们朝某个方向努力时，我们总是意识到它们。

以上我们对自然追求和后天追求做了区分，为了以最快而且最容易的方式来了解这样的区分是否正确，可以使用两个最普通的，而且每天都用的词。我们使用“需要”作为自然追求，用“想要”作为后天获得的追求。以这两个熟悉的词来解释的话，我们一直谈论的话题可以浓缩成为这样：所有的人具有相同的人类特定的需要，但有关他们所想要的事物却因人而异。

使用了“需要”和“想要”这两个词，使我们能够进一步地讨论下去。我们一般对需要的了解使我们马上意识到，不存在所谓错误的需要或误导的需要。也就是说，我们从未需要任何对我们真正是恶的事物——任何我们应该避免的事物。不过，我们却可能拥有错误的想要或误导的想要。我们想要的事物在我们想要的当时可能显得是善的，但它对我们可能不是真正的善。我们的需要永远不会太过分，但我们的想要却往往太超过了。我们对一件善的事物可能想要得太多，但只要它是我们所需要的，我们就不会需要得太多。我们确实可能想要的比所需要的还多。

另外，最重要的一点是：我们不可能说我们应该或不应该需要某件事物。“应该”和“不应该”二词只适用于想要，不可能适用于需要。这意思是说，天生需要的自然追求只有通过我们后天获得的追求或想要发生作用来使我们按自己的意思行动。换言之，我们事实上可能想要或可能不想要我们所需要的事物。几乎所有我们想要的事物都并不是我们所需要的，同时又没有想要我们确实需要的事物。

上述的最后一句是问题的关键。我们应该想要我们需要的事物。如果我们想要某些我们并不需要的事物而妨碍了我们对另一些我们确实需要的事物的想要——以及妨碍了我们对另一些我们确实需要的事物的获取——那么我们就不应该想要那些我们并不需要的事物。

辨别需要和想要可以帮助我们在实然与显然善之间划分界线。那些满足或实现了我们需要或自然追求的事物便是对我们真正善的事物。那些满足我们想要或后天追求的事物是当我们有意识地追求时对我们才显得是善的事物。如果我们需要而且想要它们，那么它们对我们也是真正的善。

不过，即使我们只想要而不需要它们时，它们对我们也显然是善的，因为我们想要它们。此外，它们可能对我们是无害的（也就是说它们不会妨碍或阻止我们对我们所需要的真正善事物的获取），也可能转变成有害的（对我们相当有害处或真正是恶的，因为它们多少剥夺了我们所需要的一两个真正的善事物）。

我们对于我们的想要永远不会弄错。没有一个人会因为说他想要某件事物而犯错。但一个人很有可能弄错了他自己的需要。孩童往往被告知说，想要某件东西时便是需要它，而实际上他们应该说想要它。成人也容易犯相同的错误。

如果我们可能弄错我们的需要，那不是会使我们到目前为止所做论证的基础转弱了吗？为了避免这点，我们必须决定有哪些需要是人类本性所赋有的。那些需要的满足往往要有一些有利的外在环境，所以我们也必须决定在满足需要时有哪些外在条件的机械性作用是绝对必要的（例如健康的环境对于保护我们的健康是机械性的需要）。

要成功完成上述工作，必须首先正确了解人类本性的自身以及它与外在环境的关系。

要知道哪些事物对所有人类是真正的善的，就要首先了解人类共同的需要。认识到这一点，我们才有理由说我们能够决定规范性叙述或命令式叙述是真或假。这样一来，我们就可以像亚里士多德所说的那样，一个规范性叙述如果与正当的追求相一致，那么它便是真的。

所有我们需要的都是正当的追求，因为那些能够满足我们自然需求的事物是对我们真正善的事物。当我们想要我们所需要的事物时，我们的想要也是正当的追求。

例如，对知识的想要的命令式叙述是真的规范性叙述——有关应该的真叙述——这是因为所有人类都需要知识。正如亚里士多德所指出的，人类在本性上是追求知识的。既然后天知识的追求是正当的（因为后天对知识的追求在于对每一个人所需要的事物的想要），所以“你应该想要而且应该寻求知识”这个规范性叙述是普遍的而且客观的真的——对所有人类都是真的——因为这个叙述与那个根植于自然需要之内的正当追求相一致。

我认为，没有一个人会怀疑人类对知识的需要，或者怀疑所谓每一个人应该想要而且应该寻求知识这个规范性叙述的真理。这个真理是从以下两个前提推论而来的结论。

第一个前提是一个范畴化的规范性叙述或命令式叙述：我们应该追求（寻求和获取）对我们真正是善的事物。

第二个前提是一个有关人类本性的事实叙述：人类具有一种认知的潜能或能力，并通过获得知识而得以实现。换言之，人类本性具有某些事实，我们如果正确掌握，就可以因此说，人类需要知识，知识对于人类是真正的善的。

如果上面那个范畴化的规范或命令（第一个前提）是真的，那个有关人类本性需要知识的事实叙述（第二个前提）也是真的，我们就可以道出一个真的规范性结论，即每个人应该想要并应该寻求知识——这个规范性结论之所以是真的，因为它与正当的追求相一致；所谓正当的追求，是指上面那个范畴化的规范所阐释的，我们应该想要并应该寻求对我们真正是善的事物（也就是我们本性上所需要的事物）。

那个支持推理每一步骤因而让我们能够道出真的规范性结论的范畴规范（第一个前提），是一个自明的真理。每个人都可以自己验证，试着思考它的反面，并发现它的反面是不可能的。

我们确实无法想象，我们应该追求对我们真正是恶的事物，或者我们不应该追求对我们真正是善的事物。我们不必预先知道有哪些事物实际上对我们是真正的善的或恶的，便可以即刻知道“应该追求”就它本身的意义来说，是与“真正的善”的意义分不开的，犹如我们即刻知道一件物体的全体大于它的各个部分。我们不可能想象全体小于部分，犹如我们不可能想象我们应该追求对我们真正是恶的事物一样。

我们一旦认为一个真理的反面是不可能的，就可以承认这个真理是自明的。

至于上述推理的另一个前提，其真理性又如何呢？那是一个事实的前提。它断言一个有关人类本性的事实。如同我前面提到的，亚里士多德注意到人类在本性上是追求知识的，这似乎无可置疑。一旦我们承认人类在本性上追求或需要知识，这个事实前提即可断言为真——即便不能十分肯定其为真，至少可以确定真的程度相当高。它即使无法超越过怀疑的阴影，至少也超过了理性的怀疑。这对于我们现在的目的已经足够了。

至于其他一些自然的追求或需要又如何呢？如果我们要进行推论以道出其他真的规范性结论，就必须对这些自然的追求或需要做准确的事实叙述。

我已经承认，虽然我们不可能错误地陈述我们的想要，但我们可能弄错我们的需要，而说我们需要某件我们本应该说想要的事物，或没能清楚地认识到我们确实需要某件我们不想要的事物。这样的错误将导致对人类本性以及它所具有的追求做出假的事实断言来。

这样所得到的后果是明显的。我们根据实践性推理归纳出来的规范性结论将会是假的（实践的假或规范的假的），因为我们犯的真实上的错误（对人类本性以及它所具有的追求做出假的事实断言来），使得我们所导出的规范性结论无法与正当的追求相一致。

所以，我们进一步要探讨的是，我们关于人类本性的知识是否能帮助我们提出——足够充分地而非十分确定地指出——哪些是满足人类自然追求或需要的真正的善事物。我将在下一章里探讨这个问题，它涉及善事物的范围和等级。

为了完成本章所讨论的，我必须增加最后一项评论。我在前面曾承认休谟在某一观点上是正确的，他指出通过我们有关实在或真正存在的事实知识，而且只通过这种知识，我们无法有效地推论出真的规范性结论——也就是说无法有效地推论出有关应该追求与否的判断。

在上述的最后一句话中，我强调了“而且只通过这种知识”。休谟那个观点的正确性建立在我所强调的这个条件之上。所以，我们由此可以导出，如果实践性或规范性的推理不仅仅依赖事实知识，我们就能有效地继续进行这种推理。

本章前几页里的推理是依赖事实知识的，但不仅仅是这样。事实知识只在第二个前提或小前提中再次出现——它断言了有关人类本性的某种事实，例如人类在本性上是追求知识的。所谓的每个人都应该想要和寻求知识的规范性结论，并不只依赖这个前提。它依赖这个前提与第一个大前提——自明真的范畴规范，也就是说，我们应该想要与寻求任何对我们真正是善的事物。

所有规范性真理都是建立在上述第一个前提的范畴规范之上的，但只受到一个限制，那就是我们要能以合理的确定程度，发现一些有关人类本性以及它所具有的追求与需要的事实。

12.善的范畴和等级

凡能解决我们的需求、满足我们需要的善，不管它是实在的还是表观的，都属于人类善这个范畴，它们对人类都有好处。

我们用“好”这个词，从本质上把这些事物称为“善”，在这种情况下，我们是在用这个词的基本含义，以表示我们所欲求的事物。因此，这些善事是“善”的各种体现。这样就从理念上把（善）好事与所欲求的事物等同了起来。

我们称之为“好”的事物并非都属于这个范畴，也并非所有的“好”事都是人类的某种追求。形容词“好”所具有的意义范围，比我们用名词来称谓某件被追求的特殊事物所表达“善”的含义要广泛得多。

“好”这个词，也像其他形容词一样，能使我们表达三种不同程度的评价，即原级、比较级和最高级（“好”“更好”“最好”）。不过，在品评事物和对事物评级分等时，我们使用形容词原级“好”更多一些。

在体育比赛中，裁判员用铜牌、银牌、金牌来评价运动员的表演。这实际上是说，他们的表演分别为“好”“更好”和“最好”。在花展、狗展或牛展上，裁判员颁发各色缎带，也是这个道理。

在市场上，专职品评人员对咖啡豆、酒及其他进行交易的产品分级划等也是这样。在这些情况下，正如在国际上，棋类和网球运动员的级别划分一样，级别是超过以上所说的“好”“更好”和“最好”三级的。不过总有一名被称为最好的，至于其余各位，他们按水准的优劣分级，直到这个级别内排到最后的一个。

我们无论如何是无法用“好的”“更好的”和“最好的”这三个词来说全世间各式各样的事物的。我们说，有一次比另一次玩得更好。说到天气和气候时，我们说某地比其他地区天气更好，说到事物好看时，我们说另一事物更好看，理由有的好，有的不好，有的理由更好，有的理由更站不住脚，有的意向好，有的意向坏，有的更好，有的更坏。我们可以说，一个人的记忆力好或胃口好，而另一个人的记忆力或胃口却更好。

我们用这种方法对事物分等划级，可能是基于它们的有用性，或它们使我们赏心悦目的程度，也或者说，这种判断分级只是基于其内在的价值，就是说它们具有那类事物的优秀品质。这样，“好的”“更好的”和“最好的”可能在某种程度上是指事物的有用性，在某种程度上指它令人喜欢，或者有优秀的品质。

我们如果不用“好”“更好”和“最好”这些词来对事物分等划级，我们还可以用“优秀”“更优秀”和“最优秀”这一组形容词来替代。这种替代可以帮我们避免发生这样一种情况，即我们虽然在判断中使用了“好的”这个形容词，却没有表达出对某种价值的判断，也就是说，没有表达出所谈事物对我们有益这样一种善的性质。说到对我们有益，究竟是因为我们确实对它有欲求，还是因为它是我们所应该欲求的事物，这些都无关紧要。

对以上所列举事物，人们可按其有用性，令人赏心悦目性或其内在价值或优越性分类划级。当然所有这些事物在一些人的眼里也可判断为值得欲求。在那种情况下，该事物对他来说当然也就成了一件善事。如果某人不是明显地按照自己的追求来评判事物的话，这至少意味着他是依据事物的值得欲求性来进行评价的。

如果一件东西被列为比另一件东西好，就是说它比另一件东西更令人喜欢或更值得欲求。被认为是最好的东西就最值得欲求，而且与其他事物相比也最令人喜欢。然而，既定的个人实际上不一定就追求更好或最好的东西。因此，这件东西对于他来说既不是实在的善，也不是表观的善。

令人感兴趣的是，形容词“真”与“善”并不相同。客观真理是没有程度之分的。一句话不是真就是假。一句话并不比另一句话“更真实”。当我们宣布某句话是真实的时候，我们可能对这句话或多或少有些把握，不过我们把握的程度如何，并不能使这句话的真实性有丝毫的改变。

精确的科学理论或复杂的哲学学说比它所取代的科学理论或哲学学说可说是有更多的真理。真理的量在于它所含真理元素的数目，但不管真理的量如何，这些元素的真实性都是没有程度之分的。

现在我们再看看作为所欲求的这个“善”字本身所具有的基本含义。所谓要欲求的事是指一个人想或需要的善，它们对人类来说都是善。因为现在把话题只限于实在的善，所以当我们谈到财富、健康、快乐、朋友或所爱的人，自由或行动自由，以及各种形式的知识与技能，并把它们每一件事物称为一种特殊种类的善时，我们所使用的是这个词的基本含义。

把善分为真正的善和表观的善，绝不是人类善的范畴内的唯一区分。对于这一点，如果我们看一下日常生活中所谈的善就一目了然了，例如市场上的商品，即工商业所生产和交换的所谓经济商品，我们努力工作以得到维持生活或生存的商品。

我们都知道，这种商品不可胜数，种类繁多。在经济领域内，当我们谈到商品和服务时我们是在限定的意义内使用“商品”一词的，即指那些为在市场出售而生产的可购买商品。那些可租用的服务也是可以买卖的。因为我们通过购买获得我们所需要的或所想要的东西。所以服务也同样是具有经济价值的商品。

经济学家告诉我们，在这类商品中，有的有使用价值，有的有交换价值，有些是消费商品，有些是生产工具或方式。而金钱，不论是铜板还是纸币，都纯粹是一种交换媒介，是一种购买商品和服务或购买生产材料的工具。

所有这一整套的物品，构成了我们称之为财富的物品范畴。在这个范畴里，我们可以把纯粹作为手段的物品，和既是手段又是目的的物品区分开来。金钱，显然只是一种手段。除了有病态的守财奴或像有点石成金魔法的迈德斯王那种爱金如命的人外，是不会有人为了钱而要钱的。金钱根本不能满足自然的需求。像迈德斯王那样为了钱而要钱，到头来只能挨饿，只能失去金钱能够买来而且也应该买来的真正的物品（善的事物）。

资本货物（即生产工具）也只能是手段，人们追求它，是因为它能生产消费品。只追求积累资本货物的人，到头来只能像迈德斯王或守财奴那样，众叛亲离，两手空空，冻饿而死。

那些不是用来作交换媒介而是用来作投资或者贷款的金钱，与作生产工具的资本货物是一样的，为人们提供收入来源，使其购买消费品和雇用有用的服务。如果这样使用的话，金钱和资本货物仍然是手段，而且也只能算作手段。

在经济商品中，不被当作工具的唯一财富形式是可消费品。这里既包括商品也包括服务。这些消费品，有些是满足我们的某些生理上的需要（如饮食，穿衣，住房的需要等），有些则是满足我们个人的追求。

可消费物品不单单是工具，我们追求这些善也不仅仅是为其本身。但是，为了身体健康，我们需要它们，或者说，我们想得到它们，因为它们是我们所希望从事活动的先决条件。身体健康（精力充沛，朝气蓬勃），也像那些能满足我们生理需要的消费品一样，也是一种实在的善。不过它之所以被人欲求，除作为得到其他善事的手段，即它是得到其他善事的先决条件之外，它本身也是被追求的对象。

不管是实在的善还是表观的善，我们都可以把它们分为我们希望得到的善，和我们想做的善，以及我们想成为的善。

（1）我们可以把想得到的善，再分为财产与完美特质，分为可选择的善和机遇的善。财富属财产之列，健康则算是完美特质。我们将会谈到，不论是财富还是健康，它们至少有部分是属于机遇的善的。只有好的习惯和知识这类美德才是百分之百的可选择的善。

财产都属于外在的善，就是说，它们存在于那些想得到它们的人之外，除了财富之外外在的善事还包括朋友或所爱的人，以及个人生活中一切来自本人所在社会机构和组织的外在环境。

完美特质与财产不同，它们属于内在的善。所谓内在，其意思就是说，它们存在于个人之内，而不是存在于他或她之外。在这里，完美特质这个词的用法有一种特定的含义，其意思只是指那种能完成和实现人的某种潜能的东西，亦即使某事物得以发展的能力。从这个意义上讲，健康是一种个人完美特质，感官的快乐和美的享受都是个人的完美特质，各种知识与技巧也是个人的完美特质。

选择的善是指那些我们完全可以在自愿参加的活动中得到的善。譬如某些习惯，如果它不仅本身好，而且它还是获得好生活的手段，那么只要我们愿意，就可以在我们权限之内，采取行动，取得完美的成果。看来情况是这样的，所有选择的善，例如知识、技能和其他好习惯，都是内在的善，即个人的完美特质。

一切外在的善都是机遇的善。能否得到机遇的善，部分地取决于根据选择，我们自愿做出的行动，并非完全取决于我们自己的行为。机遇的善又是环境的善。因为我们能否得到，部分地或者全部地取决于我们无法控制的环境。从这个意义上讲，它们是机遇的善，是我们所说的“好运气”或“幸运”降临我们身上的结果。厄运当头，就得不到机遇的善。

我们追求得到的善可能是实在的善，也可能是表观的善。如果它们是我们应该追求的个人完美，例如，健康，好习惯或者知识，那么，它们就是实在的善。如果它们是我们想要，但并不需要的财产，那么它们就是表观的善。相比之下，另外两种善（即寓于我们所为或行为的善和属于我们内在的善），则完全属于我们应该追求的实在的善。

（2）我们应该想做的善是，要么做我们认为对我们有利的事，因为这种行为能使我们获得所需要的外在财富和个人完美，要么做对他人真正有利的事，使另一个人得益，至少对他无损。因为一个人的行为会影响他人的福利，所以我们常说一个人的行为是正当的或不正当的，或者说它是公正的或者是不公正的。

当谈到公正时，我们就会发现，在影响他人福利和安宁的行为方面，正当与不正当的概念对善与恶的概念是有辅助作用的。我们如果不先弄清什么行为对人真正有好处，我们就无法评价给人带来以利或害的正当行为和不正当行为。

（3）我们希望成为的善应该是好人的优秀品质。好人已具备用以实现其潜力或能力的各种个人完美品质。在这些品质中，首要的是已有的追求习惯，就是说一个人要追求他应该追求的，不想阻碍个人为过美好生活而获取实在善的努力。我们可以看出，虽然好人是公正待人，但是单单好的行为是不能使他成为好人的。因为那只是过美好生活的一个元素。

作为一个好人，是通过在整个一生中积累实在的善，而且不想去妨碍和破坏这种追求。在好人看来是善，就是实在的善，因为好人已养成了一个好习惯，即他们想得到自己应该得到的东西，不想要自己不应要的东西。

不过，只做一个好人，其本身不足以使自己过上美好生活。因为人所需要的某些实在的善是机遇性的。尤其是那些外在的或环境条件的善。甚至对某些内在完美品质的获取，有时也要部分地依靠外在的环境。

好的社会实行施舍，其原因也就在于此。因为这样可以为好人提供一个过美好生活的必需条件；而对于这个必需条件，他本人完全无法得到。有组织的社会之所以好，就是因为它的体制与安排能使其成员得到每个人所需要的真正的善，这些善的获得，部分地或全部地依赖于个人所无法掌握的外在环境。

好人、好生活和好的社会是善的三种主要形式，它们之间的相互关系又是怎样的呢？

看来，一个好的社会是一个外在的，起工具作用的善。每个人都需要这种善的帮助，以使自己过上美好的生活。当然，具有好人内在的美德和优秀品质也是过上美好生活所必不可少的。

为什么会是这样，读者到后面就清楚了。而我现在却只说，美好的生活是终极的善，而其他的善的获取为这一目的服务。但是，在特殊善的类别或范畴内，美好生活并不是最高形式的善。

在善这个类别的最底层，是仅仅作为工具的善。这种善从来也不应因其本身的缘故而被追求。人们追求它的目的，往往是为了得到其他的善。它们之所以是善，只是因为我们可以利用它们，去获得那些能实现或者满足我们想得到的其他的善。

在上面所说的善中，我们发现，有的善不仅有目的特点（就是说，它们能实现或满足某种欲望），而且，一旦被用来获取其他的善时，它们就又起着一种工具或手段的作用。人们追求这种善，目的不仅仅在于这些善自身，而且也是为了其他善。所以，这种善排在它们被用以获取的善之下。财富与健康就是这类善的突出例子。

在整个特殊的善范畴中，最高级的善是那些因其本身而被追求，而不是作为获取其他善的工具才被追求的善。审美享受属于这类善。智慧也属此类。如果说在特殊的善这个类别中有唯一的一种最高级善的话（传统上称之为至善），那就是这儿所讲的审美享受。

我们将看到，在特殊的善等级中，处于最低水平的是那些外在的善。其次是财产（例如财富）和个人完美品质（例如健康）这类善。在最高水平上，我们发现只有个人完美品质之类的善，而没有诸如财产或外在的善。

除此之外，还有一种善，一种不包括在我们所说的善级别中的善，因为它涵括整个级别本身。

到目前为止，我们所讨论的善都是特殊善。每一个善都是善的一部分，是善中的一个，而不是由一切善所组成的终生善这个整体。善的整体只能靠个人在一生中不断积累而成。一切构成整体善的特殊善事和部分善都是实现整体善的手段。

就连处于特殊善最高位置的审美享受和智慧也不如整体善。审美享受和智慧之所以被人追求，虽是由于其本身的缘故，而并非把它作为获取其他善的手段，但它本身并不足以满足一切追求。人们追求智慧和审美享受，除了这些善的自身原因外，也是为了过美好生活。而一切实在的善和一些无害的表观的善，却又是这整个美好生活的组成部分。

另外，还有一个层次或级别的善，这种善属于我们要成为的善，而不是我们要拥有的善，也不是我们要做的善。这种善是与存有或存在本身这个等级相对应的。

只有绝对非存在是绝对的邪恶。一切事物，不管其完美程度如何，只要存在就有与其存在完美程度相对应的善的等级。因此，当上帝被认为是至上神灵，具有无限的生命，完美无缺时，上帝也被认为是生灵这个等级中最高的善。这就使上帝的道德善（即上帝的仁慈、公正与宽容）问题大有讨论的余地。

圣奥古斯丁对一只老鼠的善和一颗珍珠的善所做的比较，有助我们认识与存在相对应的善。如果有人问："老鼠和珍珠，这两样东西中你喜欢要哪一样？”奥古斯丁认为，答案应该是珍珠。因为珍珠比老鼠更有价值。对于其交换价值来说，这的确如此。而就其使用价值和观赏价值来讲，这也可能是对的。但是，如果有人问：“你是愿意成为一只老鼠，还是愿意成为一颗珍珠？”奥古斯丁认为，答案则应该是老鼠。因为有机体比无生命的石头更具有实在，更有发展潜能，更有力量去行动，尽管珍珠有迷人的外表。

我们已看到，我们想拥有的善要么是财产（即外在的善），要么就是完美品质（个人的善）。完美品质通过实现我们的潜能以增长或者扩展我们的存在。通过获取大家应追求的个人完美品质成为好人的人也是每个人应该力求成为的那种好人。宁可成为一只老鼠而不做珍珠，与宁可做一个好人而不做坏人的道理是一样的。

13.终极的善和共同的善

某件事，如果在任何方面都是终极的，那就必然是没有任何其他事物所能超越的。而在善的领域内，有什么能这样独一无二呢？

我们已看到，有些善只是手段，从来也不会因其本身而被追求，只是在需要通过它去追求其他东西时人们才去追求它。我们也注意到有另外一些善，它们既是手段又是目的。它们除了因其他事物被追求外，也因自身原因受到追求。是否有这样的事物，它只是由于自身原因，从不因为其他事物而被追求或应该被追求呢？如果有的话，那就是终极的善。它不仅仅是目的，而且是唯一的目的。它是任何事物都不能超越的最终目的。

古代用“幸福”一词来指这种终极的善。古代人很注意这样明显的事实，那就是根据大家对“幸福”一词含义的认识，这个词指的是某件因其自身原因而不是因为他物而被追求的事物。如果你说：“我想得到幸福，因为……”，别人谁也不可能圆满地完成这个句子。除非你说：“我想得到幸福。”一个人，不管要什么，他总可以说：“我需要它，因为它有助于我得到幸福。”

古代人也看到，尽管大家都用“幸福”这个词来指那种只为自身而不作为手段而被追求的事物，但每个人对幸福的概念却各不相同，如果我们暂时抛开实在善与表观善的基本区别不谈，那么有多少人想不同的表观善，就有多少个不同的幸福概念。每个人的幸福概念都纯粹是主观的，它们都与一个人的需要紧密相连。

不管是一心想着金钱的守财奴，还是那位想把财物变成金子的迈德斯王，当他们得到他们想要的东西时，照理说，他们是应该算作幸福的。如果他只是为了要金钱而要金钱不要其他东西，那么当他得到金钱时他确实已达到了自己的目的，达到了他为之奋斗的目标，获得了他终极的善——幸福。同样我们也可以用此来形容那些把幸福等同于感官快乐享受的人，或形容那些把幸福等同于得到并掌握权力的人。

一旦我们考虑到实在的善与表观的善的区别，情况就完全不同了。那些守财奴，花花公子和见权眼开的人所得到的实际上只是一个幸福的假象，而根本不是幸福。他们虽然得到了他们想要的东西，但那不是他们所应该要的。相反，为得到他们想要的东西，他们可能要失去许多他们需要和应该要的东西，例如健康、友谊、知识以及其他心智上的善。

按通常看法，即客观的而不是主观的看法，幸福在于得到一切大家应该要的善。如此看来，幸福对所有的人来说都是一样的。它是终极的善，也是共同的善。说它是终极的善，因为除了它之外，人们别无他愿，如果在其他善中只它一个是特殊的善的话，那看来它就会成为终极的善。

生活中，人追求幸福可能由于各种的不幸而遭受挫折，或由于个人的错误选择而使幸福破灭。古人把整个一生过美满生活叫作幸福，其原因就在这里。所谓生活好，是指个人在大部分生活中有幸遇到好的外在环境。

现在我们看到，幸福是通过积累大家所需的一切实在善来实现的一种人类生活。同时，幸福也是根据自己的情趣或想望通过自己苦心追求的一切表观的善所充实了的生活。为证实人们对于幸福的这种理解，我们必须看几种反面意见。

第一种反面意见我们已经谈到，幸福不是至上的善。在人们所追求的实在的善中，它不是最高的，最好的。相反，幸福是善的整体，是无所不包的，那种包括所有实在的善的总体才是至上的善。在这个意义上，总体的善不是一项善事，而是唯一的善。同样，终极的善也不是一种目的，而是唯一的目的。

第二种反面意见是，关于幸福作为唯一目的时所具有的特征。通常我们把目的看作是人所能达到的最终目标，而且这个目标一旦达到，我们就歇脚不前。旅游的终点就是游人的目的地。一旦到了目的地，游人就止步不前安顿下来。干其他事情也是这样，一旦目的达到，人就不再努力。但是，为幸福而奋斗却与此不同。

因为幸福被视为整个一生过得好，所以它不同于我们为之奋斗或追求的一切其他目的。幸福不是人所能达到，并可从此歇足的最终目标。因为终生享受和使整个一生生活美好不是片刻所能解决的。但是，每种其他目的却都可能在一生中某个时间里到达，而且由于目的达到，所以就能享受到或尝到善的滋味。不过，不度过整个一生，就无法得到作为唯一目的的终极的善。

人的整个一生只是随着时间的运转而出现。它不存在于任何时间空隙，也不存在于生活到来之前的任何时间里。当我们把幸福作为终极的善来加以追求时，我们就等于是在追逐一件我们永远不能享受、永远不能得到的东西。但是，对于作为最终目的的目标，我们却是可以达到或实现的。

如果地球上人生的自然进程有终点的话，那么，这个终点是死亡而不是幸福。只有宗教所寄予希望的来世能够存在时，才可能有一种真正的终点作为一个人追求的终极的善和目标，即人们化神成仙到天上上帝面前去歇脚。因此，人们当然可以理解，为什么那些把超自然的终极的善作为永恒幸福来渴望并追求的人，会把今生今世终极的善的一时幸福看作是永恒幸福的苍白而淡薄的拟态。

第三种反面意见对前面的说法加了一个限制，前面讲到幸福作为人生终极的善，对于一切人来说都是一样的。只要幸福存在于通过积累一切确实对大家真正有利的善来实现的生活，这种说法就应不失其真实。但在另一方面，我们也必须说，一个人的幸福与另一个人的幸福是不相同的。根据个人的性情、教养和环境的不同，每个人所想得到的东西也可能大不相同。这样，由于个人生活中增添了这些无害的表观的善，所以每个人美好生活的内容也就不尽相同了。

第四种意见也是最后的一种意见使人看到，在另外一个方面，幸福对所有人来说并非一样。幸福，作为终极的善，即每个人应该视其为目的，并为之奋斗的目标，是一种理想，这种理想即使能完全实现也属罕见。

我们无法实现的最终目标就像是彩虹顶端上一股幻觉的鬼火。幸福不是终点，自然也不是幻觉目标，尽管我们只是在某种程度上不能完完全全地或尽善尽美地达到。在这方面，一个人不管是由于选择得好而且下了功夫，还是在奋斗中交了好运，总之，在追求幸福上一个人有可能比另一个人更顺利，因此，一个人比另一个人也就可能获得更大的幸福。

不过，这里还有一个问题，那就是，既然幸福是整个一生过得好，因此短暂的幸福就不可能是一个终极目的，不可能是一个能达到并能被享受因而歇脚止步的目标。那么，幸福怎么能成为一个目的，更如何谈得上是我们努力奋斗的唯一终极目标呢？

这个问题的答案在于一切目的所表现出来的功能，即它是不是终点。假设有一个被追求的目的，我们有责任采用任何手段去达到的话，在这种情况下，我们当然要尽可能采用最有效的手段。如果我们想达到已知的目的，我们就必须用这种种的手段。

这里所说的“必须”是假设性的。假设（只是假设）我们追求的是某种手段所能帮我们实现的目的，或者说能帮我们达到的目标的话，我们必须，或者说应该，使用这些手段。但是，作为一种目的或目标的幸福却把一种明确的而不是假设性的责任加在了我们身上。我们不说：“如果我们希望过上好日子的话，我们应该这样或那样。”相反，我们认识到，我们的目标应该是美好的生活，因为好生活就是获得一切实在善的东西。我们之所以有这样的认识，是因为我们承认“真正的善应该受到追求”这样一个不言自明的真理。

即使好的生活理想不可能是我们达到与享受的最终目标，但由于它规定了我们必须采用的手段，对我们必须避免的其他事物进行了禁止，以有效地追求我们生活上终极的善，所以，它的功能像其他目的一样。幸福是用任何其他手段都无法得到的，只有通过那些能使我们生活增添实在善和避免干扰我们获得实在的善和表观善的选择与行动。

今天许多人认为，幸福在于一个人不管追求正当与否，都能随心所欲地取得任何表观的善。按此思路推导下去，会得出相反的结论。就是说，终极的善不再是所有人的共同理想，不再是人类共同的善，而是像最终目标那样能在生活的某时刻完全达到，而不是在整个生活进程中只是在某种程度上接近而已。

此外，如果不是不可能的话，人们也很难理解一个好的社会如何能通过它的体制与组织所表现的公正来促进其所有成员对幸福的追求。因为在一个社会里，各个成员的追求不同，而且他们在努力满足其追求时常常发生冲突。所以，只是说国家及其政府应为其人民的共同利益服务是没有任何意义的，因为他们为之奋斗的幸福已不再是一种共同的善。

没有一个政府或社会能达到“各取所需”。只有当一个国家能做一切可能为其所有的成员提供了实现人类需要的共同必要条件时，对幸福的追求才能借助于公正的法律与机构得以实现。除此以外，如果不妨碍或挫伤他人对幸福追求的话，也应该允许人民去满足某个人的追求。

圣·奥古斯丁简明扼要地对上述说法作了归纳，他说：“一个人，在其整个一生过程中，如果他能得到自己所追求的一切（要没有不适当的追求），那么，他就是幸福的。”

这句名言的核心需详加说明，以使人充分看清其内涵的悟力。就是说，所谓没有不适当的欲求，只欲求一个人应该欲求的东西，而不欲求一个人不应欲求的东西。按一般情况考虑，这句话的意思是，对幸福的追求使我们负有一项明确的责任，那就是要追求一切对我们真正有益的事物，而不是妨碍我们获得一切能实现人类需求的实在善的事物。

要想履行这一职责，我们就必须形成欲求正当的而不欲求不正当事物的选择习惯，我们就必须以幸福为目标（因为它是我们生活内的终极善），选择正当的手段来获得幸福。

正确的目的，再加上正确的选择习惯，就构成古人所说的道义美德。这种道义美德只是追求幸福过程中两个必不可少的因素之一。另一个因素则是有利于这种追求，而不是有碍于这种追求的外在环境所赋予的好运气，尤其是那些我们无法控制的机遇。

亚里士多德对幸福下的定义包括了这两种因素，而且也表明了这两种因素是互补的："（1）幸福在于整个一生符合美德；（2）整个一生都有外在的善相伴随（或者说一切善事都部分地或全部地依赖于好运气）。"

一个人，从美德意义上讲可能是个好人。但一个好人并不一定总能得到幸福，就是说他不一定能使自己过上好日子。美德本身不足以使人获得终极的善。如果美德能使人得到终极善的话，人类就不必终生为建立一个自由、平等与公正的好社会而奋斗了。

14.从真、善到美

在极端怀疑主义者心目中，真理好像全是主观的，是以个人意见为准则的。在真理问题上，我们与极端怀疑主义者不同，我们把真理的客观方面和主观方面区分开来。客观的真理是普遍的，不变的，而个人声称占有的主观真理却因人而异，无时不变。

此外，我们还把真理与情趣这两个领域区分开来。在真理领域内，我们是要寻求一致，而争论也是为了求得一致。在情趣领域里，应允许有不同意见，没有必要去消除异议。

在极端怀疑主义者看来，善好像全是主观的，而且以个人的欲望为准则。在这个问题上，我们像对待真理一样，也把它分为客观方面和主观方面。

我们发现，真正的善并非以个人欲望为准则，而是与人性固有的欲望有关。所有的人都是这样。不论在何时何地，只要人的本性都相同（即只要物种保持其特有的特性），实在的善就具有普遍性和不变性，而这种普遍性与不变性即赋予这些善以客观性。人性无论在何时何地这一点都相同，却往往被不同教养与文化所掩盖。但是，可剥掉这层外衣，使藏在背后的共性暴露出来。

为说明这同一观点，还有另外一种方法。就是说，虽然许多价值判断是属于情趣领域的，但有些价值判断却属于真理范畴。我们曾讲到规范性的判断，那是关于应被追求的实在的善，实在的善之所以应被追求是因为它能满足我们的自然要求，这种规范性判断的真理性在关于事物实际存在的方式上与描述性判断的真理性不同。在这些规范性价值判断上，我们应求得一致，当出现意见分歧时，则应该通过摆事实讲道理，去努力消除。我们摆的事实，讲的道理，要基于我们对人本性的认识与理解。

如果我们用一条线把实在的善与表观的善分开，善的主观方面则属表观的善的一边。因为表观的善与个人追求有关，所以它也是主观的。一个人，当他需要某物时，他就说它好，那是他的偏好，而不是他应该期待别人也同意的判断，也不是他应该与别人进行争论的判断。

回顾我们所讨论的根据，这里有两点需要注意。第一，我们马上会看到，真理的主宰权不仅与善有关，而且也与美有关。我们发现，有关应该如何如何的这种价值判断，有时也可能是真的。这种发现使我们能把善的客观方面与主观方面区分开来。这种区分把我们关于表观善的见解划到了情趣领域的一边。

第二点是，不论是真理还是善，都既有主观一面又有客观一面，这两者的原因是各不相同的。

真理的客观性来自于实体的存在性，而实体的存在又不受我们意志所左右，不受我们对其看法的影响。我们之所以能获得真理，是因为我们的思想与我们力求认识的实际存在相一致，因此，那个实际存在也就为我们提供了一个衡量思想真与假的标准。真理之所以会有主观的一面，是因为人的思想有缺陷，易上当受骗，或者是因为思考不周的缘故。

善的客观性却不是这样的。因为我们对善的判断并不通过与我们力求认识的实际存在相一致，而使其具有真理性。在实在的善方面，人所需要的内在主观性取代了客观性。这一点对于所有人都是一样的，因为这是人性所固有的。在这里，是人类的本性（当然，人类本性也是我们要认识的一种真实）为我们提供了一个标准，根据这个标准，我们可以检查我们的价值判断是真是假。

谈到美，问题也是这样。当我们把美归于事物时，我们关心的是，什么是主观和什么是客观。主观与客观是我们考虑真、善、美这三大理念时所关心的中心问题。但是，当我们以处理真与善的方式来处理美时，可以预想我们会遇到更大的困难。

我们为什么会遇到更大的困难，原因马上就该清楚了。至于真理，在关于存在的或不存在的或者所存在物的特点方面，衡量我们判断是真是假的标准是同一真实存在。在善的问题上，衡量我们对每个人所需的善（因为需要，所以应该追求）的价值判断标准，是同一人类本性。但是，在美的问题上，对于什么美，什么不美，衡量我们判断是否正确的标准又是什么呢？

人们迷惑不解还有另外一个原因。有人说："美即真，真即美，在世界上你只知道这些，也只需知道这些。"我们也听说："只要处理好真与假的问题，美的问题就自行解决了。"

这些话是说，因为美同真和善紧密相关，所以我们在考虑美时，真与善这两个理念应能起指导作用。且不管诗人对美怎么看，但是美不等同于真，至少在我们迄今对真进行探讨并把它看作命题或叙述的性质的过程中是这样的。

美或许与善关系更密切。人们这样考虑的原因是，因为这些事物与我们有某种关系。所以，美也像善一样是我们附属给事物的一种性质。美可能是一种特殊形式的善，也许美与善有着根本的不同。我们必须弄清究竟是哪一种情况。只有当我们发现了我们把美附属于事物上的理由以及我们把善附属于事物上的根据这两者之间的具体区别时，我们才能进一步讨论有关美的客观性和主观性这个更难的问题。

15.令人愉快的美

对于美这个题材，有许多话经不起仔细推敲。对于美的描写，常常很动人，使人意气风发，而且往往使人感到入木三分。不过，像最好的讽刺性说教一样，它却使人无从确知，那有深刻洞悉力的诺言能否通过朴实语言所表达的宽容思想来实现。

对于任何使我们感到深奥的陈述，检查其可理解性的方法就是看它译成另一种语言后如何，这种语言虽没有原来话语的激情与神韵，但可称作用普通白话所表达的简明清楚的陈述。大多数关于美的作品不能通过这种检验。许多关于美的作品非常动人心扉，而我们却哑口无言，哑口无言意思是指，我们无法找到其他词来表达我们所想和我们所希望理解的东西。

这并不是说在讨论这些大理念的过程中，关于美的意见分歧大于关于真和善的意见分歧。至于美，它也同真与善一样，争论的要点也是关于客观性与主观性的问题。但关于美的争论与关于真和善争论的区别在于，对真和善中主观和客观方面能讲清楚，而对于美的主观和客观方面则不然。

谈到美时，总不能像谈到真和善时谈得那么清楚、精确。下面，我将只讨论能用普通语言表达的问题以及我认为一般常识所能立即理解的而且属于美同真和善之间差异的问题。

我的分析，也将只限于这个范围。这可能使读者感到有许多问题都未回答。不过，读者至少会理解这些未曾回答的问题。

在西方思想传统中，有两位思想家为我们的上述讨论提供了必要的指导。他们之中一位是十三世纪神学家汤姆斯·阿奎诺斯，另一位是十八世纪德国哲学家伊曼纽尔·康德。这两位思想家虽在所有观点上彼此意见都不一，但康德的一些话却帮助我们理解了阿奎诺斯在给美的事物下定义时所用的几个关键词。

阿奎诺斯写道："美的事物就是看到就使人快乐的事物。"在这个定义中，有两个关键词即"使人快乐"和"看到"。

许多事物都使我们快乐，而且它们使我们快乐的方式各不相同。但是，并不是一切使我们快乐的东西都美。如果我们把"令人快乐"看作是"使人满意"的同义词的话，那么，我们所追求的任何善都会使我们满足，使我们快乐，只要我们拥有那个善以后，我们对它的追求就因而减弱下来。

不管是肉体的快乐还是感官的快乐，快乐本身就属于人类所追求的善之列。对于能使我们感到快乐而不是不快乐的某种感官体验，我们拥有一种自然的渴求。另外，有些人，通常被认为是不正常的人，对于疼痛有一种偏爱，即喜欢肉体上的疼痛或那些令人不快的感官经历。当这些追求得到满足时，不管是正常的还是不正常的，他们都感到心满意足。

当快感或痛苦被追求时，作为所需要和想要的对象，它与食物或饮料，财富或健康，知识或友谊是没有什么两样的。我们所需要或想要的一切事物都是那些我们一旦得到就能使我们高兴或满足的事物。在所有这些使我们感到快乐或满足的事物中，我们怎么把美好事物的特性认作使我们快乐的东西呢？

这个问题的答案可以在阿奎诺斯下的定义里找到。我们称为美的东西，是一种以某种特殊方式（即看到）令人愉悦的东西。食物和饮料，健康和财富以及我们所需要或想要的大多数其他东西，一经到手，就使我们感到快活。我们是由于拥有了它们和使用它们才感到愉悦的。一旦它们满足了我们对它们的“拥有”追求，而不是“看到”追求时，它们就使我们感到愉快。

康德告诉我们，快乐必须是完全超脱的快乐。在这里，康德说明了我们称之为美的事物所提供给我们快乐的特性。康德所说的“超脱”是指，事物不属于我们实际利害关系范围之列。我们对这件事物可能想得到，也可能不想得到。拥有、使用、用掉或以其他方式把它纳入我们的生活里，融入我们自身中。我们可能只是想一下或看它一眼，就会感到很满足。只看一眼想一下就给我们以特殊的快乐与心欢，这种特殊的快乐与心欢来自于我们看到就使我们高兴的事物。此外，如果我们确实想得到它的话，我们也不因为想得到它，就认为它美。

一个人可能认为某一自然风景或画廊里某一幅画很美，但无意真正得到这块地产或这件艺术品，以使这具有审美享受的东西永远归己所有。有人想购买这块地产，或收藏这件艺术品，其原因可能是希望把这件被视为美的东西归已，但是那种希望也可能有不同的动机。

一个人，可能既是鉴赏家又是收藏家。但是他也可能只是收藏家而不是鉴赏家，这样，他收藏艺术品的标准则完全依赖别人对艺术品审美性的判断。当然，鉴赏家不一定是收藏家。我们多数人既不是收藏家，也不是鉴赏家。在鉴赏何为美时，我们称自己拥有专家的身份或专家的特殊地位。当我们发现某些事物给我们以超脱时，我们也不希望自己独占。这是给人以超功利快感的事物。

阿奎诺斯对美的事物所下定义中的另一个问题是“看见”这个词。我们只通过看得见的物体（即用眼睛领悟的东西）来取得超功利愉悦吗？恐怕很难这么说，因为，如果是这样的话，那就等于把音乐作品以及诗的美排斥在美的领域之外，同时也把有时被称之为纯粹概念美排除在美的领域之外了。例如一项数学证明或一种科学理论的概念美。

在这里，我们所遇到的不只是阿奎诺斯在对美的事物所下定义中使用了“看见”一词的问题。在我们日常说话和思维中，我们总爱把美的事物划定在看得见的物体范围内，总爱把“美丽”一词与诸如“好看”“秀丽”“英俊”“漂亮”这些形容词放在一起，而这些形容词又专门或者主要是用于我们用视觉器官领悟的东西。常言道，美存在于观赏者的眼睛里，这句话说明，我们的这种倾向性看法已日久天长，根深蒂固。

这并不是说我们大家都把美的东西视为只是好看、俊俏、漂亮或外表迷人的事物。相反它是告诉我们，有的人虽外表好看、俊俏、漂亮，其实并不美。不过根据我们说话的习惯，上述说法也使我们感到，美是人们能在好看、漂亮或英俊的物体中发现的一种最高级特质。这些东西只要被看到，就给我们以超功利的快感，但是，我们把“美”这个词留来用以表示最使我们快乐，和使我们感到最不寻常快乐的事物。

我们多数人使用“艺术”或“美术”这个词的方式，也进一步证实了这种倾向。英语中称为美术，法语称为beauxarts而德语则是schone kunst（即美事物的艺术），而且一说到艺术品（这些艺术产生的作品），我们就想到博物馆墙上挂的，或者展示台上摆着的东西。

当然，“文学”“音乐和美术”这些人人共知的词把诗排斥在了美事物的艺术之外。这种说法也表现在自然领域中，我们看到，美的事物，如果说不是只存在于山水风景、树木、花草或动物中的话，那也主要存在于这些看到就令人快乐的事物中。

有些事物，虽然它们也给我们以超脱的快乐，但这种快乐却与它们“被看到”无关。倘若我们把它们的奏鸣算作美的事物，那么我们就必须纠正上述说法，但是我们如何纠正呢？答案是“看见”这个词并不总是指“视觉上的领悟”。我们大家都说过“I see what you mean”这句话，以向人表示我们清楚了他的意思，这里的清楚是用头脑，不只是用眼睛，如果这些话是写在纸上的，那则可能要用眼睛。但是如果是口头讲的话，眼睛则不必用了。

另一种超越“看见”这个词的狭隘视觉内涵的方面是，不要忘记我们常谈及一位伟大改革家或宗教领袖的先见，这里所说的先见是对于要达到的理想进行的仔细思考，这当然不是用眼睛。

阿奎诺斯在对美的事物（即看到便使人快乐的事物）下的定义中所使用的拉丁文字“visuru”，有着更广泛的想象内涵，即对眼睛看不到的东西进行思索，就像是令人鼓舞的空想事物或基督神学里所说的赐予想象一样，即赋予被解救的生灵以对上帝的沉思。

为了确保我们对这个问题的理解，我们就去掉“看见”这个麻烦词，而代之以没有狭隘视觉内涵的词语。那样，我们就可以用下面的一种方式为美的事物重新下定义。

美的事物就是使人想起来就心里愉快。它之所以使我们愉快，是由于我们只用脑子领悟，或者说，如果不是光用脑子的话，那也是头脑与感官并用，而不是只用视觉。我们甚至可以说，美的事物就是使我们看到就高兴的事物。不过我们要记住，我们除了用视觉看之外，还能用其他方式“看”。

正如康德所观察到的那样，不管在什么情况下，快乐都必须是超功利的。就是说，对有关事物，我们只是通过细心观察，领悟或看看就能使我们感到愉快。当我们说某物体美时，我们必然感到高兴与快活。对于我们来说，要经历这种高兴和快活并不需要其他任何东西。

康德介绍了一种纯粹超功利快乐的观念，这不仅有助于我们理解阿奎诺斯定义中“使人快乐”一词，也帮我们理解了鉴赏美的事物所涉及的那种认知，即思索或观察的那种特殊认知，即适合那种理解时能给我们以超脱之类事物的特殊领悟方式。

康德说，领悟缺乏概念，在科学与哲学判断中，在历史研究的结论中，以及我们多数人在日常生活所作的概括中所表达出来的那种知识不缺乏概念。涉及到概念的判断，是用于物体的种或类的判断。即使判断是关于个别事物的，只要这个个别事物被视为这种或那种事物的个别例子，这就涉及了概念的问题。

所以，完全缺乏概念内容的领悟必须是有一种独特的个别事物为自己领悟的对象，而这个个别事物又不被看作是某一类或某一种的特例，并且它之所以被领悟也只是因其本身，同时也只在其本身内进行。

当我们所领悟（思索或观察）的对象使我们只通过认知该事物就能得到纯粹的超功利愉快时，这种认知则不是科学的认知，不是哲学的或历史的认知，甚至也不是一般常识性的认知，而是一种避开了一切概念成分，是对个别事物的知识。所谓个别就是，只此一件事，它不分类，也不分种的知识。

凡与我们有关的事物均可划为两大范畴。一方面，它们是我们追求的东西，是我们需求、想要或喜欢的东西，是确实有用的东西，是我们为之采取行动的东西。另一方面，它们是认知的对象，是观察、记忆和思考的对象，是概念性的认知或非概念性理解或思考的对象。我们已经看到，善适合于追求范畴，真理则适合于知识范畴，而美看来则是两个范畴都适合，而且不管它属于哪一个范畴，其方式也都极为特殊。

在阿奎诺斯对美的事物所下的定义中，根据“使人快乐”一词，美应属于被追求的范畴。不过，既然快乐是康德所说的非常特殊的超脱，那么这里的追求也就是非常特殊的追求，即对认知的追求。我们已经看到，这里说的认知是非常特殊的认知，它是对个别事物进行非概念性的思索或理解。不过，既然它是一种认知方式（不管这种认知方式在性质上多么特殊），所以我们认为美与真理还是属于同一范畴的，而且它与善也同属一个范畴。

关于美与真和善的关系，我们还要再说一点，至此，我们对美的理解，提出了一个我们继续讨论中必须提出的问题。到目前为止，美看来完全是主观的，如果说，我们只要观赏或领悟某一个别物体，就能得超功利快感，而美又是任何这类给我们以超功利快感的物体的特性的话，那么，美将完全与这位受到超脱快感人的情趣有关。由于每个人的情趣不同，所以，他们在观察事物时，能引起其乐趣的事物也就因人而异。

我们发现，我们是能够把真理的范畴同情趣的范畴分开的。我们也发现，把实在的善事与表观的善事区别开也是可能的，这就使我们能够分清真理和善的客观与主观方面。我们能把美的主观和客观两方面分开吗？如果美的事物等同于令人愉悦的事物，也就是说，如果美的事物等同于那种我们只要去领悟，就给我们以快乐或愉快的事物的话，我们恐怕就很难把美的主、客观方面区分开来。

我们许多人，看到某物体就爱上了，因而称之为美。这些人可能希望别人也喜欢那个物体，但是，我们无权把自己的情趣强加于人，除非我们有理由在这种事物范围内规定别人应如何行事。即使我们找不到这种理由，但我们依然可以认为，善与否也不是完全在观赏者的眼睛或心里的。

16.令人赞赏的美

当我想要某物体时，我说它好。我想要的物体对我来说是好的这种说法，主要是关于我和仅仅与我有关的这个物体。除非你怀疑我在追求这个问题上在设法欺骗你，否则你会认为我说的是真的。

不过，你可能会提出异议说，看上去对我好的物体其实并不真好，而是正好相反。那么，你是就这个物体，而不是就我，发表一种看法，对于这一看法的真实性，你和我完全可能有争议。

如果我只是因为看到或想到某事物感到愉快，便称之为美的话，那么这种说法也主要是关于我和仅仅与我有关的这个物体。如果你消除对我的疑虑，你就会认为我的话是真的。

不过，这里你不好说我认为美的物体不是我真正喜欢的东西，事实是完全相反。你可以说你对审视此事物毫不感到愉快。但是，我们之间的意见分歧是一个情趣不同的问题，不值得争论。

如果美的事物等同于令人愉悦的事物的话，即等同于那种通过鉴赏便能使我们得到完全超脱的事物的话，那么就必然会导致我们所说的，美完全存在于观察者的眼睛，而且美纯粹是一个情趣问题。但是，当我们说某物体美时，这里还有另外一种意义，就是说，我们谈的是事物本身，不是谈我们自己，也不是谈事物与我们的关系。

我们说某物体美，是因为它有某种令人赞叹的性质。不管它对那些性质的拥有是否会使你或我感到愉悦，它毕竟是拥有那些性质的。如果令人赞叹的事物普遍使人感到愉悦的话，那么，美的物体也总会使人感到是美的。就是说，每个人都会通过鉴赏那些事物而感到愉快与享乐。但是大家都知道，情况并非如此。

不过，还有一点要说的就是，性情、感性、教养和文化背景不同的人对物体的可享受性与物体所具有的可赞美性之间，是否有什么关系。这是应该注意的。不管怎么说，可赞赏性也像可享受性一样是一种情趣的表现。不过它们之间有一点不同，就是说，享受是直接的，而赞美则可能要通过思想并依赖于知识。

美学作家谈论美的时候，已多次提到使物体令人赞美的特性。

亚里士多德写道："为了美，一个生物体，和每一个由各部分组成的生物整体，不仅在其部分的排列上必须呈现出某种秩序，而且也要有某种固定的特质。美就是一个特质与秩序的问题……"

阿奎诺斯说，美的物体要协调，匀称而明晰。它是一个由各部分组成的复杂整体。当各部分彼此按比例组织起来之后，整个物体的结构就明显地呈现出来了（也就是说，看不出一点不一致和不协调）。这样构成的物体就是美的。这个物体也因其内在的优秀品质或完美而令人赞美。

过去，孩子们常听老师说，要写一篇好作品，写一篇优秀、完美的文章，就要努力写得内容协调、清晰、前后一致。在木工房里，过去是，现在可能依然是这样，师傅教给徒弟说：要想做一把好椅子或桌子，就必须把各部分组在一起，使它们成为一个比例协调的有机整体。椅子做得不好，或许就不能当一把椅子用。而且，除用途之外，做得不好的椅子得不到人的赏识，它缺乏好椅子所具有的那种完善或内在的优质。

上面谈的是写作与制作木器，但是这个道理可适用于一切人间艺术品，即所有人造的物体。有些物体是为了使用才制作的，例如桌椅。有些则是为了观赏者欣赏的，例如诗词、雕塑、绘画和交响乐。还有一些可能是既为了使用，又为欣赏的，例如楼房。

有时，一件做来为了使用的物体，可能变成了一件被人欣赏的艺术品，例如在展馆里展示的好家具。也有的时候一件做来供欣赏的物体，可能会变成一件有某种实用价值的东西，例如把一张画挂起来遮住墙上的污点。

不论制作的目的如何，不管它如何制作，也不管它是如何利用的，但是人制作的东西不是做得好，就是做得不好。它不是具有该类物体应有的内在优秀品质或完美，就是缺乏该类物体所应有的内在的优秀品质与完美。它要么令人赞赏，要么不为人所赞赏。

如果我们把话题从艺术品转到自然物，我们说，那些具有内在优秀品质或完美的物体是天生得好，而不是做得好。一切生物体中都有明显的畸形，园艺家把畸形的幼苗或者拔掉或者加以矫正。养育员在培育动物的过程中，把形体差的淘汰掉，为的是培育出优良品种。

在花展、猫展和狗展上，裁判员把蓝色缎带或金牌授予各个种类中的最优者。如选出的玫瑰或兰花，狗或者猫，它们在各自类别的有机体中，因具有其内在的优秀品质或完美，而令人更加叹服。获奖的样品被说成是具有该品种所应有的一切特性，而且没有瑕疵。

作为可赞赏美的物体，无论是艺术品还是自然物，它们都是一样的。在这两个领域中，被认为美，而受到赞赏的物体，都有该类物体所具有的内在的优秀品质与完美。它们之间唯一的区别在于，在艺术品中，我们所说的值得赞赏的东西，是制作得好，而在自然物中，我们所说的值得称赞的东西是形成得好。

可能会有人说，展览会上的花、狗或猫，都不是纯粹的自然物。因为人为了获奖，对这些品种进行了人工培育。不过，这对我们所讨论的问题并没有什么影响。因为我们在大自然中常常发现那些令人赞叹的事物并无人接触过。

读者尽管默然同意上述看法，但仍可能提出些确实该问的问题。例如：什么东西令人赞赏，什么东西不使人赞赏，这到底由谁来判定呢？如果物体因其内在的优秀品质或完美而令人赞叹的话，那么这种判断可能是对该物体本身作的判断，是对它所具有的特性作的判断。不过，我们能因此就说这项判断是客观的而不是主观的吗？这项判断具有客观真理吗？就是说这项判断属于真理的范畴，而不是属于情趣范畴吗？所以它也因此而值得争个水落石出吗？

对于第一个问题，即对于什么东西令人赞叹，由谁来制定标准的问题。其实答案早已暗示了出来。判断一篇作文是否符合好文章所要求的统整性、清晰与紧凑，这要由英文老师判定，而不是学生。供出售的桌椅，是否具备好桌椅所具有的其令人赞赏的内在优秀品质，这要由木工师傅判定，而不是学徒工来判定。同样，在展览会上，在所有参赛的生物有机体中，哪一件最令人赞叹或最美，这要由那些被选为评审员的专家们来决定，并给予奖赏。

一个物体，由于其内在优秀品质或完美，而被誉为可赞叹，这是专家对物体美的判断，是有特殊知识与技术的专家对某类样品的判断。我们不会请英文老师去对木工店的木器作评价，也不会请木匠师傅去判断英语作文。我们也不会让选来做狗展或猫展的评判员在花展上去评价玫瑰或兰花。

这并不是说专家不能有不同意见。他们经常是意见不一的。所以评奖总是根据裁判小组裁判的平均分。观众也可以不同意最后评选结果，认为得第二名的比被认为最美并被授予蓝色缎带或金牌的更好，更令人赞赏。不过，专家之间意见不一，与外行人和专家之间意见不一是有区别的。

内行裁判可对评分不一据理争论，这种争论的结果完全有可能使看法改变并改写最后得分。但是外行人却无法与裁判这样争论，并让他改变看法。如果他能说服裁判改变主意的话，那他本人就是一个专家，而不是外行了。在美术领域内（法国与德国把美术称为美的艺术），也有专家裁判和缺乏在艺术领域内专家所具有的技巧与知识的外行人。那些被认为是文学或音乐批评家或绘画与雕塑鉴赏家的人们，对某一特殊作品中可赞赏的美评价不一，可能比花展、狗展和猫展上的裁判员之间的意见分歧更常见，也更激烈。但是问题依然是那样，他们可以据理争论，都想说服对方，让对方改变意见，而外行人却无法和他们以理相争，而且即使争论也不会有什么效果。

这一来就出现了这样的一个问题，即由于物体内在优秀品质或完美的缘故，基于其物体的可赞赏美而作出的判断，究竟是个真理问题，还是一个情趣的问题？这个问题的答案取决于我们如何回答另一个问题。那就是，我们通常承认，外行与在某特殊领域内有专门知识与技术的专家之间是有区别的，但是否也因此就有低劣审美力与较优审美力之间的差别呢？

这岂不是具有较好审美力的人必然能正确认知有内在优秀品质或完美物

体的优与劣吗？对于两个物体中哪一个更令人赞叹的问题，如果有较好审美力的人不能做出合情理并有根据的判断的话，那么较好的审美力又意味着什么呢？

一句话，难道我们不是必然会做出这样的结论吗？即虽然对具有可赞赏美物体做出的判断表达了这些裁判的个人审美力，但专业裁判人员是具有较好审美力的，这才能使他们根据物体固有的优秀品质与完美程度把各个物体正确地分等划级。

这个结论有两个必然的结果。第一，对于物体可赞赏美的判断，虽然是审美力的表现，但是它也能在某种程度上，衡量客观的真理，也就是说，对于这些判断，专家之间可以进行合理的和有益的争论。"趣味无争辩"这句拉丁名言是不适合某特殊领域内专家情况的。

第二个必然结果是，物体所具有的可赞赏美的程度是客观的，不是主观的。也就是说，这种美的程度从属于物体的条件，而不是作出判断的人的心理或感情状态。如果一个物体在其内存特性上不比另一物体好，而作判断的人却说它比另一个更具有可赞赏美，那么与一个做出相反判断的人相比，这个人就称不上有较好的鉴别力，只有物体本身在优秀品质或完美上有等级之分，从而使一物体比另一物体更有可赞赏美时，个人审美力的好与坏才会有等级之分，专家的判断也才优于外行人的判断，甚至于在专家之中，也才有一个专家比另一个专家好的现象。

那些认为美是客观的，而不是主观的人，又进一步提出了第三种必然结论，即物体本身越令人赞叹，或者说越美，就越令人感到愉悦，这对任何人都是一样的，而且也不管何时，何地，也不管其教养与文化情况如何。由于其内在优秀品质或完美而成为客观上美的物体，在主观上也必然是美的，令人愉悦的，使一切看到或想到该物体的人感到快乐的。

刚才提出的这种观点是站不住脚的，因为美的主客观两个方面并不相互关联。某特殊领域内专家所做的判断中，某物体的外在美并不总是始终使人感到愉悦的。它可能使某位看到或想到它的个人心悦，而对另一个人来说则不一定。实际上，承认有一些人审美力低下，就是承认他们不太能欣赏令人赞叹的物体。

如果一个人对某物体的审美力能够培养和提高的话，这个人就很可能喜欢专家们称为更令人羡慕的东西。不过这并不会改变这样一个基本事实，即令人愉悦的美是一回事，而令人羡慕的美则是另一回事。

对于缺乏内在优秀品质与完美的物体来说，如果有人因观赏这些物体而感到有超功利快乐的话，那么他就完全有理由把这些物体说成是美的，因为它们提供了称之为美的愉悦。对于这个人来说，这些物体虽然缺乏专家们或有较好审美力的人所说的那种令人羡慕的美，但它们却有着令人愉悦的美。

因为物体被称为美有两种美的意义（令人羡慕的美和令人快活的美），所以美有客观和主观这两种层次。问题是，这两种层次的意义相互间并不平行对应。

在讨论美时所出现的混乱，多数是由于没有认清这样一个事实所造成的。即一个人由于喜欢某物，并称这个物体美，这种现象常常被解释为，这个物体因具有内在的优秀品质或完美所以才这样令人羡慕。这个人往往把他个人主观审美力的表达错误地说成是物体的客观意义，其实这种客观意义是不存在的。

我们许多人对于某既定领域来说是外行。我们会想，使我们感到愉快的物体同样也应使别人感到愉快。我们甚至常常说其他人应该喜欢我们所喜欢的东西。无怪某既定领域的专家说，大家都应该喜欢被他们以其具有内在优秀品质或完美为由而称为令人羡慕的物体。他们至少会建议，应培养和提高每一个人的审美力，使他们能感到，越是令人赞赏羡慕的东西也越给人以享受。

命令式的应该对于欣赏是不适宜的。一个人可以告诉另一个人应该要求什么，不应该要求什么（因为该事物确实好或者坏）；一个人也可以（因为所收集的证据以及推理，没有任何怀疑或可靠的怀疑，也或许证据和推理都有利于支持该议题，故而）告诉另一个人应该认为什么是真或不应该认为什么是真。但是，没有一个人能告诉另一个人什么应使他感到愉快或什么不应使他感到愉快。

看来，在令人愉快的领域内，唯一能为人们接受的应该的事情是教育法规。我们认为，教育应做到使受教育者能依照其价值判断去进行思维，对于命题的真伪能做出正确判断。我们也认为，教育应使受教育者形成美好的道德品格，在善与恶问题上，使他能追求正确，选择他所应该选择的。进一步说，从真与善领域到美的领域，我们只需要说，教育应该最终使受教育者形成好的情趣，使个人逐渐能喜欢令人赞美的物体。人是无法越过这个界限的。一个人不能因为某物体有令人羡慕的性质，就规定大家都应该认为它令人愉悦。

我们不但必须承认，令人愉快的美与一个人受教育所培养出来的审美水平有关，而且我们也必须认识到，令人愉悦的美与一个人的文化环境以及个人固有的气质及教养有关。对于被认为有令人愉快的美的物体来说，不同文化的民族有极不相同的看法。西方人在日本看到歌舞伎表演，可能会感到扫兴，而日本人则会如醉如痴地久久观赏。一位欧洲人对非洲雕塑可能感不到有令人愉悦的美，同样，非洲人对欧洲的抽象派绘画也不会感兴趣。

美对文化差异的相对性也从令人愉快的美扩展到了令人赞赏的美。那些对西方绘画能做出堪称专家评判的人们，在欣赏中国画或日本画时，则可能是外行。即使在西方文化这个广泛的领域中，能够对古典雕刻或拜占庭的马赛克艺术做出专家水平判断的人，当他们鉴赏印象派或后期印象派绘画时，他们就未必能做出那么高水平的判断了。

有人说，其实许多人也都这样认为，“我不知道那个物体美与不美，但我知道我喜欢什么，而且我确实喜欢它”。这种人应该认识到，自己是在承认令人愉悦的美与令人赞叹的美无关。实际上，他是说：“我不知道专家裁判员对于该物体内在的优秀品质与完美是如何看法，但是我的确知道，当我看到或想到它时就心里高兴。在专家心目中，它可能令人羡慕，不管怎么说，反正我喜欢它。”

专家对可赞赏美的判断，和无论是专家还是外行人对可欣赏美的表达之间，有着一种值得注意的区别。这种区别需要我们去回忆一下康德的话：我们对给我们以超功利愉快物体的领悟是非概念性的。所谓非概念性的领悟，是指按那类个别物体本身，而不是把它当作物体的特殊例子，来理解或思索的。

相反，专家基于物体固有的优秀品质与完美，对其可赞赏美作出的判断，不可能是没有概念内容的判断。因为这种判断，总是把个别物体当作某种特例，而不是作为个别物体来进行判断的。

作为一个专家，他所涉及的知识是关于种类方面的知识，所判断的是这个种类的抽样。专家的技术就是区别该种类抽样所具有优秀品质程度的高低。正因为如此，评判希腊圣堂的专家，不一定能对哥特式教堂做出有专家水平的判断。花卉专家不一定在判断狗方面有专家的水平。

真理的客观性在于这样的一个事实，就是说，对于一个碰巧是错误的人来说，真实的东西其实根本不真实。善的客观性则在于，对于一个其本人的想要与需要相矛盾的人来说，他称为善的东西，对他本人或对别人都不是真正的善。如果一个人判断很好，那么，对他来说是真理的东西，在其余所有人看来也应是真理。如果一个人的追求都正确的话，那么，对他来说是善的东西，其余的人都应该认为是善的。

当我们谈到美时，上述平行对应性就失灵了。如果一个人情趣低下，对低劣的物体感兴趣，那么，他认为有可欣赏性美的物体，只对他本人是可欣赏性的美，与其他人的想法，包括专家的想法在内，均无关系。对于专家认为具有可赞赏美的物体，我们也不能说，因为物体有其内在的优秀品质，所以他们就应该羡慕它，喜欢它。或许，我们只能说，他们应该学会欣赏令人赞美的东西。

从根本上讲，问题依然是这样，令人愉快性仍属于主观的领域，就是说，它是一个个人情趣的问题，对于个人情趣是没有什么好争辩的。世界上最好的酒鉴定家可能都同意，法国波尔多产的红葡萄酒是该类酒中的魁首。我们不能因此就说一个喜欢白酒不喜欢色酒的人，或者喜欢勃艮第酒不喜欢红葡萄酒的人，或者说喜欢威士忌而不喜欢一般酒的人，就一定会喜欢喝专家授予金奖的酒。

这个道理对于酒是真实的，那么对一切其他事物也是真实的。也就是说，一方面，可以对物体令人羡慕的内在优秀品质做出判断，另一方面，这些物体可能会满足也可能不会满足个人的情趣。

最后我要说的是，前面我讲了关于令人羡慕的美，即被专家认为是令人赞叹的物体内在优秀品质，如果读者对此感到不满意，或者失望的话，他们是有其道理的。他们希望多了解一点，这是合情合理的。不论是对自然事物还是对艺术品，也不管是在艺术的任何领域，读者希望我对具有令人羡慕的美的一切特例的特点作一清楚的、准确的阐述，这也是在情理之中的。

我理解他们的这种不满与失望，但对此我又苦于无奈。某一既定艺术领域内的鉴赏家，对于该工艺领域，或许他们能就其内在的优秀品质提出基本原则与标准，他们却很少能达到意见一致。但是，即使他们对自己专长的领域内关于令人羡慕美的客观标准看法一致；即使他们都同意一些原则可以用来评定一个有关令人赞赏美的判断是否真实，那也是不够的。

在处理美这个理念时，人们向哲学家提出更高的期望是可以理解的。因为哲学家在处理真与善时履行了自己的智识上的责任。他能告诉我们真和善不是存在于某特殊领域，而是普遍存在着。在处理美这个概念时，哲学家看来未能履行其知识上的责任。

我曾想以富于哲理的方式来写这一章，以不负读者所望，而且也曾希望自己能清楚而准确地说明美的客观存在。所以读者有如此期望是合情合理的，但我未能如愿。究其原因有二：一是我无法在有关这个题材的文献中找到清楚与准确的叙述；二是我本人缺乏提出这种叙述所需要的洞悉力或智慧。

所以，失望的读者必须把自己的不满转变为一种挑战，即自己动手去寻求答案。寻求什么答案呢？就是指出寻求那些令人赞赏美所共有的特质。例如在获奖者的玫瑰花环，贝多芬的克莱采奏鸣曲，棒球赛第九局演出漂亮的三杀，米开朗琪罗的圣母像，日本的禅宗庭园和弥尔顿写其失明的十四行诗，以及烟火会等等之中表现的令人赞叹的美所具有的共同特性。

17.美中的善与真中的善

在中世纪有关超越价值的目录里，有六个包罗万象的超越价值理念，真和善是其中的两个，但美却不属这六个理念之列。美未被列入的理由是，从一个方面来看，美是一种特殊的善；从另一个方面看，这种善也是一种特殊的真理。

这种特殊的善是可欣赏的美，它具有使人愉悦的特点，一种纯粹的超功利愉悦的特点。对于被我们认为是善的一些日常事物来说，当我们得到、使用或消费掉它们时，它们使我们快活或满意。它们属于拥有的善事。实际上，我们愿意得到它们。我们从对它们的拥有所获得的乐趣很难说是超功利的。

相反，物体中那种令人愉快的美是我们不希望获得或拥有的善，我们只要认识它，理解它或想到它就感到快活，所以，普通的善与令人愉快的美这种特殊类型的善之间的差别，就在于它们与我们在相关联的方式上不同。

当我们考虑物体本身而不考虑它与我们关系的时候，我们所关心的是它的可赞赏美而不是它的可令人愉快的美。可赞赏的美和可令人愉快的美一样，是一种特殊类型的善。

一切物体都根据其内在优秀品质或完美的程度，进行分级或划等。正如我们在前面章节中所谈的那样，专家对各种咖啡、茶、酒及饮料的好坏进行品评。这种根据好坏排出次序的分级划等，可以解释为表示在同类物体中哪个物体的内在优秀品质最令人赞赏，其余物体在可赞赏的美这个次序表上又如何一个个往下排列。

诸如咖啡或酒这类消费品，或者刀、剑或其他工具之类的可用产品，它们所具有的可赞赏性的美是有程度之分的，它们这种可赞赏的美的优秀特质或者说是善，属于我们要拥有的善的范畴。就是说，属于我们有意得到的范畴，这其中不管是为了消费或使用。可赞赏的美是一种特殊的可赞赏性优秀品质，或者说是善。它属于认知善的范畴，不是拥有善，也不是消费或使用善的范畴。可赞赏的美作为一种特殊善的明显特点，也像令人愉快的美一样，在于物体这种善与我们之间的特殊关系上。

不论是为了使用或消费而获取的物体，还是单单为了愉快去领悟的物体，除了它们与我们的关系之外，作为一种特殊的善而言，物体的可赞赏特质还有其另外一种方式。在前面一个章节里，我们曾把这种特殊类型的善称为与存在本身相应的善。

不同存在模式所拥有的这种善的程度与这些模式所拥有的存有或存在程度是相同的。拥有更高程度的存在并伴有更大的作用力和反作用力的事物，就相应地拥有更高存在的善。正像我们所谈到的那样，一颗珍珠，不论在使用价值或交换价值上都高于老鼠。但是老鼠比一颗珍珠却更具有存在的善，因为它是一个有机生物，比一块无生命的石头更具有作用和反作用的能力。所以，最好是当一只老鼠，而不做一颗珍珠。存在的善属于“成为的善”，它完全不同于“拥有的善”“要做的善”或“认知的善”。

把老鼠和人相比，表示出所存在善的更高和更低级别的划分代表了不同种、不同类或不同存在模式的级别划分。在某既定种类或存在模式内，种类或模式的个例或抽样也可因其内在优秀特质或完美程度而分级划等。

这正是那些分级划等的人所做的，他们根据被消费或使用物体的可赞赏特质，对酒、咖啡、刀子、剑及其他用具，进行分类划级。同时这也正是那些专职评判人员所做的，他们在花展或狗展上向优胜者颁发蓝色缎带或金牌，他们也是在根据物体的可赞赏特质，对物体进行分级划类。他们不是把事物当作被使用或被消费物体，而是当作愉悦观赏的物体来进行分级划类。

在以上两种情况下，我们根据物体本身令人赞赏的特质对其定级划等。这种定级划等，使它那令人赞赏的特质具有了程度不同的等级性。这也是它作为其所属种类中个例具有不同程度善的等级性。最令人赞赏的玫瑰或兰花，也就是最符合玫瑰或兰花观念的玫瑰或兰花；或许我们应该说，就是最理想的玫瑰或兰花，是一朵地地道道的玫瑰或兰花，它具有一朵玫瑰或兰花所应该具有的一切完美性。

神学使我们了解了这种特殊的善。通过其他观察事物的方式是无法对此进行了解的。对于珍珠、老鼠和人，由于他们存在善的程度与他们存在等级相对应，所以，他们的分等划级必然使人们承认，上帝最高存在的善与作为上帝的上帝存在是相对应的。神学家对此做了进一步的阐述，他们认为，上帝创造了万物，所以也就把每个种类的东西和每个种类内的所有个例或抽样看作是上帝心灵中创造意念的产物。

在这方面，神学家讲了一种特殊的真理，即与物体存在的善相等同的存在真理。我们对真理的一般看法是，当头脑所想与事实存在相一致时，我们就说头脑里有真理。然而，神学家却告诉我们，事物本身也有真理，一种当事物与上帝心灵中创造意念一致时它们所具有的存在真理。

因此，当我们谈到完美的玫瑰或兰花，说它是一朵完完全全的好玫瑰或兰花时，它那令人赞赏的内在优秀品质在于它拥有某种完美性，这种完美性因符合上帝心灵中创造玫瑰或兰花的意念，所以既是存在的善又是存在的真。

那些由于种种原因而不信神学的人们，如果以人类头脑中的管理观念代替上帝心灵中创造意念的话，他们也是可以领会这一点的。如果我们把注意力从自然物转向艺术品，那就要看艺术家心灵中如何创造意念了。一件艺术品内在优秀品质的一个方面，即这件艺术品存在的善和存在的真，是来自于这件作品符合作者心灵中创造意念的程度。

有一种判断是由这位艺术家，也只有由这位艺术家才能做出来的。那就是，只有这位艺术家可以说出，这件艺术品是否符合原来的创作意念。也只有这位艺术家能判断出，该作品忠实执行其思想意念的程度。

但是，当把作品拿来让别人判断它的内在优秀品质时，如果只考虑作品与艺术家头脑中意念的一致性和忠实执行艺术家意念的程度的话，那就远远不够了。因为，这些不是唯一的考虑内容，也不是主要的考虑内容。与艺术家本人相比，别人对艺术家作品所做的客观批评，更着重于所生产作品表现出来的创作意念的善。

我们看到，对于令人愉快的美的观赏，存在于一种特殊的认知，也就是存在于对个别物体非概念性的领悟。同样，艺术家本人对自己作品中可赞赏美的判断，也是一种特殊的判断，即对个别作品所做的判断，而且这种判断只与产生该作品的创造意念有关。除艺术家本人以外，其他专家对同一作品中可赞赏的美的判断，是一种涉及概念性结构的判断，也就是说，是对这件个别作品所属种类或类型的一种理解。

不同类型艺术品之间的可赞赏的美是无法进行比较的。我们可以说，某希腊圣堂或哥特式教堂比另一座圣堂或教堂好。但是，我们不能说，某一座哥特式教堂比某一座埃及、希腊或罗马式神殿更具有可赞赏性美，或者不如它们那样具有可赞赏美。我们不能说，在拉韦纳或伊斯坦布尔展出的拜占庭马赛克艺术比在巴黎网球场所展出的印象派绘画具有更高或较低的可赞赏美。对于建筑物、绘画、雕像、抒情诗、戏剧、小说、歌曲、奏鸣曲、交响乐、芭蕾舞、电影等，它们之间的可赞赏美则更无从比较。

由于这个原因，美在一个非常重要的方面与真和善是极不相同的。人在追求真理方面可以不断进步。人在善的领域内也在不断进步，在政治、社会和经济组织或安排上不断从不甚完善向较完善发展。但是，在美的领域内，则不可能有进展。

在社会上，从被合法承认的奴隶制社会过渡到从法律上废除奴隶制的社会，这是作为公正的善事领域内的一个进步，而圣堂和神殿的变化，不管是从埃及圣堂到希腊神殿，还是从希腊神殿到罗马式殿堂，或者是从这些殿堂到哥特式教堂，这些变化在美的领域中都不是向更完美发展。

最后，我们讨论一下令人愉悦美这种善本身，即在人类生活中有助于幸福的善。

亚里士多德聪敏地观察到，人类没有欢乐就不能生活。欢乐是一种实在的善，它满足人类的一种基本需求。接着，亚里士多德又说，如果人被剥夺了精神欢乐的话，他们就可能无节制地耽迷于肉体欢乐。

这样牵涉到过多地要求某种实在的善，而这种结果却又会影响到获取其他存在的善。要防止出现过分的耽迷，我们就要在美的享受中有精神上的快乐，即超功利的快乐。

人没有欢乐就不能生活这种论断，就这样变成了“人除非在其美的愉悦中发现另外一种快乐来缓和他们对肉体快乐的追求，否则人就不能“很好地生活”。

我们绝不能允许自己以精英论者的经历去解释这种顿悟。美的享受不只限于那些习惯于参观博物馆、听音乐会，或观看芭蕾舞，看电影或读诗的人们的生活。美的享受也发生在那些喜欢棒球、篮球和足球的人们的生活中，也出现在那些看斗牛以及看网球比赛的人们的生活里。

观众在观赏一场绝妙的体育表演或动作时，会喊：“嘿，真棒！”这同样也是享受或者叫超功利的快乐，就像一个人听贝多芬四重奏乐团的精彩表演所感受到的愉快与超脱一样，也像人们在看日本歌舞伎中演员跳扇子舞的绝妙旋步，或者看芭蕾舞演员表演双人舞，技艺卓绝，令人脱口喊出：“嘿，真盖！”（如果这样不是不礼貌的话），他们同样感受到这种愉悦与超脱。

此外，体育爱好者或体育迷，对于棒球中精彩的三杀或足球中反击得分的内在美或令人赞叹的美有着专家水平的判断力。同样，斗牛运动爱好者不仅享受斗牛运动的美，而且对斗牛士舞动剑旗的技艺，抖动披肩的潇洒英姿，以及最后一刀干净利落地结束牛的生命也都有着专家水平的判断。

体育迷在这些方面有着良好的训练和高度教养与情趣。这些使他们具有专家的裁判水平，他们对完美的或几乎完美的表演报以掌声。相比之下，我们这些人却简直成了外行，或者说是既无鉴赏力而且对运动的可赞赏的美又无判断力的业余爱好者。我们在这方面的不足，就如同我们在与音乐、建筑、绘画或其他美术领域的专家相比，俨然成了一个门外汉一样。

令人愉快的美这种善在于，这种美所给予人的那种超功利的快乐，至于提供这种快乐的物体性质如何，却无人管它。观赏的乐趣就是观看的乐趣，这是一种使我们从每天实际参与的有目的的或偏私的活动中得到的快乐。也可以说，它能使我们陶醉，以致达到销魂的境界。

在这方面，神学家又一次给予我们以启蒙性的评论。人的生活，有一些独特的活动，睡觉以及其他生物所需要的活动，例如：吃饭、喝水，为获得经济好处或生活资料而工作，娱乐性游戏和为改善心境的消遣。

如果休息不同于睡觉、放松或玩的话，我们是否应该，或者能够，把休息也加上去呢？我们在地球上什么地方能得到休息呢？这里所说的休息，远不是灵魂升入天堂享受上帝赐予的那种休息。

不管观赏什么，只要我们能从中得到可享受美这种超功利的或精神上的快乐，就能把休息引进我们的生活。这样，令人愉悦美这种善，就成了我们美好生活中幸福的一个必不可少的组成部分，它在于为我们提供我们大家所需要的休息。

总之，我们不要忘记，令人愉悦美的休息不仅仅限于对感官物体的观赏。在观赏纯粹智性物体时，即在对我们所了解的真理的沉思中，也能得到令人愉悦的美。伯特兰·罗素曾写道：“从正确的角度看，数学不仅仅占有真理，并且拥有至上的美，冰冷而严峻的美……它不触及我们任何较脆弱的本性，也没有绘画或音乐那种绚丽的装饰……”或者像诗人埃德娜·圣·文森特·米莱在有关欧几里得的十四行诗里开头所写的那样：“只有欧几里得一个人看到了赤裸裸的美。”

一方面，我们考虑真理的可愉快的美，另一方面又要记住，那些有存在性完美的事物所具有的可赞赏性美不仅仅是一种特殊的善，而且是一种特殊的真。只有这样，我们最后才能对基茨所写的“美即真，真即美”有所理解，即使他继而写的“在世界上，你只知道这些，也只需知道这些”这句话未必是真理。

只有我们把令人愉快的美以及这种美所给予我们的休息引入我们的生活，我们才能完全成功地追求到幸福。如果是这样的话，那么，为使自己过上好日子，就需要我们不管到天涯海角也要去寻求美吗？

我们多数人的共同经历证明，情况并不是这样的。美的享受是“找上我们门来的”，我们并不刻意追求。我们去看棒球赛，参观博物馆或听音乐会，或许是希望会有那令人心醉的时刻。不过，这种情况不是经常发生的，希望有这种时刻与刻意追求是不同的。

在这方面，我们最多只能去某地，观看表演或一些项目比赛，给自己创造机遇。至于这种善是否能降临到我们身上，那则是我们所无法控制的，因为它终究是一种机遇，而不是选择的善。

第三部分

我们据以指导行动的观念：自由、平等、公正

18.公正至上

在前几章讨论真、善、美这些观念时，我先对每种理念本身进行单独的探讨，尔后，再考虑它们彼此间的关系。现在要讨论自由、平等与公正这另外三种观念，我使用的方法就有所不同。当然，对这些观念本身，我们也要单独讨论，但我们这里的主要兴趣是它们之间的密切关系；因为自由、平等和公正这个组合体之所以能成为我们处理社会、政治和经济事务的行动依据，就在于它们之间的这些关系方面。

在讨论前三种观念的过程中，我们看到的是真理至上；它左右着我们对善与美的看法。因此，在讨论自由、平等和公正时，我们也必须看到公正至上这一点。它影响着我们对自由和平等的看法。没有公正作指导，就无法避免某些错误，也无法解决某些问题。

还应指出，这三种观念都受到善这一理念的影响。我们把自由和平等视为高度的理想，看作是我们追求幸福和过文明生活所切实需要的美德，这一点无疑是正确的。正如我们在前面某章所讲，对他人施以公正就是善行；行为正当，主持公正就是行善。

我们将在以下各章里讨论自由、平等与公正这些观念，同时也要对公正进行详尽的单独的探讨。不过，在此之前，我们有必要先讲一下，对于自由与平等来说，公正是独立的，至上的。我认为，读者会对我的这种安排表示满意，因为下列几章对这个问题的讨论会加深读者对本章的理解。

一般人，甚至学者们，最崇拜自由或平等，把它们看作我们追求、获取和保持的最高生活理想。不少人言辞激烈，论理有据地声称自由至上，平等最高，或称这两者最重要。

“自由、平等、博爱”这句法国大革命时期的名言，我们至今萦绕于耳。但要知道，在这句名言中提到了自由与平等，却未提公正。如果这句名言的作者是根据亚里士多德的所谓“同社区的人彼此都是朋友，故而不需要公正”的话，那还情有可原。不过，作者当时是否想到了这些，却很值得怀疑。

面对普通人与学者们的不同意见，我将尽力说明，为什么公正的价值最高；为什么它与自由和平等相比是一种更重要的美德；为什么人们在纠正与自由和平等相关的错误时，要诉诸公正。

我刚才讲过，自由、平等、公正这三种生活理想都是真正的，而不是表面的美德；是人在追求幸福的行为中所需要的。但是，并非一切善事都在人们心目中占有同等的地位。例如，人们更看重才智与友谊而不是财富与健康。某些真正的善也只有在某种限定下才成为好事。享乐确实是好事。不过，我们所要的享乐有可能超出我们的需要。或者说，由于我们所追求和获得的享乐过多，反而成了坏事。财富也是如此。这些都是有一定限制的大好事。相比之下，知识却是一种无限制的好事，知识越多越好，不会多到有害的程度。

我们马上就会看到，在自由、平等与公正这三者之中，只有公正是无限制的好事。一个人，对自由与平等要求得过多，会使自己不能与同事很好相处，而且这样也超越我们所拥有的自由和平等的权限。而公正则不然，没有一个社会能称得起是过于公正的；也没有一个人的行为能说成是，由于过分公正，反而对自己或同事不好的。

看不到或认识不到自由与平等需要限制这一点，我们就会在自由与平等的问题上犯严重的错误，同时我们也会感到，自由、平等与公正之间有着不可调和的矛盾。

有一些自由主义者，他们不仅认为自由至高无上，而且还牺牲平等去追求最大限度的自由。他们不仅要求无限制的自由，而且还随时都想得到无限制的自由，哪怕那样做会造成无法挽回的不平等状态，致使社会上某些人，其实往往是大多数人，严重地失去自由，他们也在所不惜。

他们所追求的只是机会均等，因为机会均等鼓励和方便某些人干事业的自由。这些人有天赋，有才能，能充分利用机会的自由去打垮自己生活中的竞争者。这真是谁落后谁倒霉！即使出现了极大的不平等，也不会使他们罢手。因为在他们看来，要达到平等，只能失去个人自由，而个人自由对他们来讲，又比平等更可贵。

同时，也有一些平均主义者，他们不仅把条件平等视为至高无上，而且还想付诸实践，即使是借助机会均等去实现条件平等会在许多方面侵犯个人自由，尤其是干事业的自由，他们也要执行。在他们看来，假若只存在机会均等，而且不限制个人利用机会均等的自由，那么，机会均等就必然会导致条件的不平等。对于这一结果，他们是会感到遗憾的。他们想最大限度地扩大平等，即使那样做要多方侵犯个人的自由，他们也认为那是微不足道的。

自由主义者与平均主义者之所以走向极端，是因为某些错误造成的。不纠正这些错误，持不同意见的极端主义者之间，并非自由与平等之间的矛盾就不能解决。要纠正这些错误，就必须认识到自由与平等都不是第一位的，认识到两者都是好事，但不是无限制的。同时还要认识到，只有在公正的支配下，两者才能和谐地扩展到最大限度。

一个人是否应具有无限制的行动自由或干事业的自由？或者说，是否应在不伤害他人、不剥夺他人的自由、不使他人因不平等而产生严重的被剥夺感的情况下，拥有他所能使用的最大限度的自由呢？总之，一个人应不应该拥有比他所能够公正行使的更多的自由？

对这些问题的否定回答，使人认为一个人只应拥有公正所允许的最大限度的自由，不得超过。

一个社会是否应该尽力达到一种人人都有，但程度上又有不同的条件平等？这个社会应否无限制地扩大这种条件平等，即使那样会造成对个人自由的严重剥夺？一个社会应否忽略，人不论在天赋上还是在才能上都是既平等又不平等的？应不应该忽略，他们对社区福利的贡献不同这样的事实？

对这些问题的否定回答会使人感到，一个社会，应在公正所要求的限度内达到最大的平等。这个限度不能超越，超越了就是不正当。正如不能超越公正所允许的自由那样，超越了，就是不正当地行使被允许的自由。

读者会看到，公正与自由和平等的关系是不同的。

关于自由，如果自由的行使是正当的而不是不正当的，那么，公正对它所允许的个人自由是有限量的。

对于平等，如果社区公正地对待其所有成员的话，那么，公正就会对其所要求的平等与不平等的类别和程度有所限制。

这样，当公正对自由与平等的追求起着支配作用时，自由与平等就能在限定的范围内和谐地扩展到最大限度。自由主义者和平均主义者中那些错误的、极端主义的、无法解决的冲突就会消失，因为公正至上纠正了这些错误，解决了它们之间的矛盾。

19.随心所欲的自由

自由也像其他的几大观念一样，具有其内在的复杂性。我们看到有各种的真，各样的善和不同意义的美。对自由来说也是一样。这两个同为“自由”的英文单词“Liberty”和“Freedom”是可以换用的。

自由，主要有三种形式：第一种是人性固有的自由。我们生下来就有这种自由，这是人所特有的。就像理性或者概念思维以及符号组合成的语言一样，它是人所独有的。因此，称它为天然的自由是适宜的，因为这样说，表达了我们具有自由的方式。

第二种自由是与才智和伦理美德相关的。这种自由是只有那些在个人发育过程中获得了某种美德与才智的人才具有的。从获得自由的形式看，把它叫作后天获得的自由是合适的。

第三种自由的获得，完全取决于有利的外在环境。一个人对这种自由的获得会因时间地点而异，主要看对行使自由的外在环境是有利还是不利。一个人会在不同程度上获得或失去有利的外在环境，但在天然或后天获得的自由方面情况则不同了。因此，称这种自由为环境制约的自由是恰当的。

至此，我们所谈的都是获得自由的方式，而这三种形式或类别的自由是什么呢？

我们所说的天然自由是意志的自由，是选择的自由。就是说，它与我们以前所谈的不同，它有选择其他的自由。有了这种自由，我们的行动才不像其他动物那样完全受那些影响我们发育的外界环境所左右与制约。有了这种自由选择的内在能力，每个人就能通过自己去决定自己的所为与未来，去创造性地改变自己的品格。我们就能按自己的意愿选择自己的未来。

后天获得的自由，有时被称作“道德自由”，在于有一种由于美德而习惯性地做自己该做的事情的意志。我们已经看到，美德就是个人所想总是习惯性地与正确一拍即合，也就是说，选择一个人所需要的，选择个人应该选择的真正的善事去做。正确追求的障碍往往来自欲望与激情，因为欲望与激情会使我们的追求与需要发生冲突；而且追求会使我们采取错误的行动。

根据斯宾诺莎的理论，人被这种欲望和激情所奴役，这是人的低级本性的表现。人的自由，即道德自由，在于能以理智控制感情，以伦理品德约束感情，以后天获得的习性去做出正确抉择。

如果人事先没有自由意志和自由选择能力这些人的天赋性质的话，那么，人就无法获得其应有的意志自由或选择自由。如果人没有其他选择余地，我们又怎么能为我们的正确选择而不受享乐或色欲的诱惑负起道德责任呢？如果我们不对所做的选择负道德责任，我们又按什么标准去赞扬或批评一个人的品格或行为呢？

环境制约的自由在于我们能随意行事，就是说，能公开执行我们所达成的决议；不管正确与否，我们认为对我们有好处，我们要怎样做就怎样做。

一个人，不管他道德品格好坏，都可以拥有和行使这种自由。他能自由选择他所追求的行为方针，或能自由做出有关行动路线的决定，从道德上讲，这可能是好事，但也可能是坏事。但不论如何，环境不是允许就是妨碍他按其意愿行事。因此，从环境制约角度来看，个人要么是自由的，要么是不自由的。

天然的或者叫作内在的意志自由赋予我们以另作选择的能力，即在一特殊场合下，做出不同于我们过去所做的选择。当我们充分掌握了环境制约的行动自由时，它就能赋予我们以采取其他行动的能力。我们不仅能在有利的环境下自由选择，而且，如果我们做了不同的或者相反的选择时，我们也有另做选择的自由。

一位在押的或者戴刑具的人，如果他选择继续留在监狱里，或继续戴刑具的话，从环境上讲，他是有自由的。但是，如果他想到其他地方去，或干什么别的，牢房的限制就不能使他如愿。监牢的限制妨碍了他的行动自由，但没有妨碍他的选择自由，没有妨碍他的道德自由，妨碍的只是他应按自己意志行事的自由。

两位异常贤明的人证实了这个明显的事实。罗马斯多噶学派哲学家埃皮克提图从人有道德自由的角度上，把自己视为自由的人，尽管他当时是位镣铐锁身的奴隶。基督教哲学家贝修斯，他曾口若悬河，赞美他在狱中所写的道德自由。

对于低于人的动物，即使它们没有选择自由与道德自由，但它们可能有，也可能被剥夺了环境制约的自由。因为它们被关在笼子里或圈里，它们的活动范围很受限制，不能实现它们的本能冲动，也不能通过调节按自己获得的意向行事。因此，选择的自由和一个人应行使意志的意志自由，并不是行为自由所赖以存在的先行因素。

在这三种主要形式的自由之中，只有一种是需要公正来控制的，那就是第三种——按自己意愿行事的环境制约自由。一个人想做的事可能对其他人有害，也可能违反公正法则，也可能违反他本人所在社区的最大利益。

如果用“允许”这个词来说明行使环境赋予人随意行事的能力是非法或非公正的话，那么，当按自己意愿行事是非法或非公正的时候，按自己意愿行事就不是自由与否而是一个是否允许的问题。如果另有想法，或要求一个人的环境制约自由不受“准许”与否的限制，那就是要求无秩序的自由。这不是相互合作社会所应有的，而且也与社会利益相悖。

对于无秩序自由的这种自然状态的个人自由而不是社会自由，我们不用“自由”，而是用“自律”。所谓“自律”其原意显然是指对自己的规律法则。

只有绝对自主的人才会有自律，也就是说，他只服从自己，不屈从他人制定的法律，也不承认有支配他的行为的权威。只有那种过着完全孤独生活的人才有这种自律。有组织的社会成员是不可能有这样自律的，因为没有有效的管理与强制性的法律，一个有组织的社会就不能持久和昌盛。

因为人无法过完全孤独的生活，因为人从来没有，至少不曾长期在所谓自然状态，更确切地说是在无政府状态中生存，所以，世界上唯一能找到自律的地方也只有在君主身上和君主国里。我们都清楚地知道，即使不诉诸军事行动，这种自律也要导致战争状态，即与和平共处相悖的冷战。

人为了生存与繁荣，所生活的社会就必须有组织，并有有效的管理与强制性的法律。人类不能有自律，也不能有不受限制的行动自由。自律是与有组织的社会不相容的，无限制的自由是会破坏有组织的社会的。

正是由于这个原因，我们才不能无视或忽视自由与准许之间的区别。理解和接受了这种区别之后，照理讲，这个由于公正限制而不能随意行事的人才不会丧失自由。

在区别开自由与准许，无政府公正的自律与在有法律、有政府、有组织的社会下的自由之后，我们看到又有第四种自由，一种特殊的环境制约自由。

政治自由，虽然是由有利的环境赋予个人的，但它像主要形式的环境制约自由一样，不是在公正的制约内随意行事的自由。相反，它是一种生活在立宪政府下，有选举权的共和国公民所拥有的自由。他们的参政使他们在制定法律问题上有发言权。他们不屈从于暴君的专横权势。

他们虽不自律，但很能自理，能参加管理。共和国的公民不是君主，但按照卢梭的说法是，每个公民都有自主权。亚里士多德曾说过：立宪政府是一种管理形式，在这种管理形式下，每个公民都是自由和平等的，每个人都有机会管人，也有机会被管。

奴隶没有政治自由，他们受到的极残酷统治是为主人的利益，而不是为自己。即使他们生活下的独裁专制政治是仁慈的，而且在某种程度上他们受统治也是为了对自己好的话；他们也是像小孩子似的，在家里被管得严严的，他们在自己政府内没有发言权，也不能参加制定管理自己生活的决定。在共和国中，那些生活在立宪政府下被剥夺了选举权的人们，不管从何种角度上看，他们都是臣民而不是公民。因为他们在社会上丧失了公民权，所以他们也被剥夺了政治自由。

给予和剥夺公民权，构成了有利的和不利的环境。有利的环境给予个人以政治自由，不利的环境却剥夺个人的政治自由。对于主要形式的环境制约自由来讲（这种自由在于在某些限制内能随意行事），有利的环境因素和不利的环境因素是有性质区别的。

不利的因素是强迫、限制和束缚。当一个人受外来物质力量的逼迫时，他就不能随意行事。当他被迫违心行事时，他也没有随意行事的自由。

束缚是使身体受到限制或受到逼迫的威胁。在枪口下违心行事的人是对威胁做出反应，其效果与物质的逼迫是一样的。束缚也会采取其他形式。一个人，为了避免使理想的行动出现不理想的后果而违心行事，就会丧失摆脱束缚的自由。

为人们提供便利的环境也给人以随意行动的自由。充裕的财富能使我们到里兹这座豪华的餐厅里去进餐。穷人没有这种条件，想去那里吃饭也是枉然。在前几个世纪里，没有奖学金和公共基金的资助，所以穷人想上大学也只是白日做梦。

随意行事的环境制约自由，虽受环境限制，但只要有有利条件，也是能摆脱强迫、限制与束缚，使人按自己的意愿行事的。不过，它不能使个人的行为摆脱旧习俗与法规的控制。

环境制约的自由并不像约翰·斯图尔特·米尔所错误认为的：行为不受法律控制。所以，根据米尔的观点，我们的行为越受法律控制，就越没有自由。汤姆斯·杰弗逊说的也不对。他认为，越没有人管越好；因为越没有人管，我们就越自由。

英国早年的哲学家约翰·洛克的观点较好。他认为，首先我们的许多行为是不受而且也不可能受法律的控制。不管这些法律是多么包罗万象。民法如此，国家大法也如此，甚至就连道德法则也不例外，因为我们的许多行为对于道德来讲是无关紧要的。它们既不被道德法则所肯定，也不被它所禁止。用洛克的话说，这就是“法律不予规定”的范围，在这个范围内，我们有按自己意愿行动的自由。

在法律（不论是民法还是道德法）的规定或禁止范围内，有道德的人仍然是能按自己的意愿行事的，因为他愿意做他应该做的事。一条正确的行为规则和一项公正的民法条款，规定了应有的行为，禁止不应有的行动。

一个有道德的人，因为他具有愿意而且主动去做他应做的事情这样的道德自由，所以他总是自愿地、满心高兴地去做法律要求他做的事，他从不做违法的事。他不受法律强制作用的约束，他的行为也不受强迫威胁的制约。

正如亚里士多德所说的：有道德的人的自由行动，是有犯罪倾向的人在法律威慑下才能做出来的。就是说，他们是怕违反了法律要受到强力管制，要受到惩罚。不过，有犯罪倾向的人如果不犯法，是不会丧失自由的。即使他不受法律的约束，他想干的由于是非法的和不公正的事，所以也是他不应该干的。他随意干事的许可证被没收了，但他的自由未被剥夺。

这使我们进一步考虑到法律与自由的关系。我们的自由不但不会被公正的法律和良好的道德行为规则所剥夺，而且，如果国家的法律是公正的话，它还能用其强制的力量与约束来保障我们的自由，使其不受他人用非法力量进行的侵害与干扰。没有公正的法律，或者说，法律不能有效地执行，人们就会受到各种形式的破坏与侵犯，削弱自己的自由。

公正的法律得以实施，就能扩大个人的自由；反之，法律不公正，只诉诸力而不是理，就会减少人们的自由。如果用强制的力量，或者用逼迫的办法，去制止人们做他愿意做或者应该做的事情，这样，个人自由就会受到严重的限制。在这种情况下，他们失去的是真正的自由，而不是准许证。

最大限度地扩大人们按自己意愿行事的环境制约自由是公正的法律赋予人类真正伟大的善事。这种善又因政府公正而得到大大加强，因为公正的政府把政治自由赋予一切拥有公民权并通过参政而变得自治的人。

我们从这里看到，为什么说有道德的人遵守公正的法律不会丧失自由。其实也可以这样说，行使参政权的公民，当他发现自己在重大政治问题上是少数派时，他并没有失去自治与政治上的自由。

公民通过行使参政权来表示自己已同意该项宪法，而宪法都是以少数服从多数来决定的。公民已经接受以多数票裁决的原则，而且，由于已接受了这一原则，所以不管投票的结果证明他是多数派还是少数派，他已在事先接受了这种以多数票裁决的结果。

他可能不喜欢多数派所制定或通过的法律或政策。尽管遵守这一法律可能会违背他的心愿，但当少数派遵从法律或政策时，他们并不因此而丧失政治自由。如果该法律或政策是公正的话，那么，不管它怎么不符合自己的利益和判断，执法守法也是绝对不会剥夺他们的自由的。

20.我们有权享有的自由

说我们有权获得自由意志和选择的自由，这是毫无意义的。因为自由意志或选择自由是大自然或者说是上帝赐给我们的一种美德。低级动物没有这种美德，但我们不能说它们有权得到的东西被剥夺了。

说我们有权得到道德自由，同样也是没有意义的。道德自由在于按伦理行使意志，伦理不容，则意志不为。我们能否得到这种自由，要看我们自己所做的自由选择。是否能培养起构成我们道德自由所需要的那种按伦理行使意志的好习惯，这些全在我们自己。没有任何其他人或社团组织能赋予我们这样的道德自由，也没有任何人能把它从我们手中夺走。

根据基督教义，人生来有罪，而且是靠基督的救命天恩赎掉罪的。没有上帝的帮助，一个堕落的人就无法获得道德自由所需要的伦理美德。因此，基督教的神学家把道德自由说成是上帝给的。认为只经上帝挑选并予以救赎的人，才有资格得到这种自由。

在我们的世俗社会生活中，情况仍然是这样。就是说，对于完全能靠我们自己解决的自由，可不必正式向他人或社会提出要求。

我们能向社会要求的唯一的自由，是公正限制范围内随意行事的自由和共和国公民所享有的、作为环境制约自由的变态形式的政治自由。

我们有无政治自由和在多大程度上拥有随意行事的有限自由，这些即使不是全部但也要大部分取决于我们所生活的社会，社会体制，社会组织，政府形式和法律。

如果情况是这样的话，我们就会面临两个问题：第一，我们为什么有权得到随意行事的有限自由？我们为什么有权获得这种自由？第二，为什么我们有权获得政治自由？什么人有权得到这种自由，是每个人都有权，还是只有一些人有权得到这种自由？

要回答这些问题，就必须先找出自然权利的基础。所谓自然权利，就是说，我们可以要求社会给我们以保障权，因为这种保障是我们天生就赋有的权利；我们说它不可让度，是因为要想合法地剥夺这种权利，必须有特殊的理由。

这些权利的确是好事，因为它们满足了人性固有的需要。我们的这种认识就是我们所需要的基础。

从道德上讲，我们有义务追求幸福。就是说，我们有义务通过追求真正好的东西，通过追求一切能满足我们自然需要的好东西，去使人类过上好日子。我们有权得到我们过好日子所需要的一切。

我们的自然需要不仅是我们识别真正的善和表面的善的基础，而且也是区别我们有自然权利得到真正的善和无权得到表面的善的基础。但是，我们得到这些善，要不妨碍任何其他人获得真正的善。

真正的善是靠我们的自然权利得到，而不是靠有利的外在环境。如果我们不能合法地要求社会给予我们过好日子所需要的东西，我们就无法通过为自己创造美好生活的方式来履行我们追求幸福的道义责任。并不是所有好事我们都能得到，因为有些好事是靠运气才能得来，也就是说，它们是有利的外在环境所赋予的。

对于这样的一个真理，汤姆斯·杰弗逊曾在独立宣言中讲过。不过他讲得过于简短，所以只有加以解释之后，才能看出其全部含义。杰弗逊写道，我们生来就有某些不可让渡的权利，我们之所以被赋予平等权，是因为我们生来就是平等的。这些权利中有生存的权利，有自由的权利，也有追求幸福的权利。这些权利的保障只有靠主持公正的政府和公正的法律。

那不可让渡的天然生存权，使我们有权得到维持生命所需要的经济物资。因为没有生命就不能生活。要维持生命本身，除需要生存所不可缺少的经济物资外，还需要过舒适生活所需要的经济物资，例如，需要足够的时间去追求安逸。

要生活得好，还需要健康与知识。这一点是独立宣言所不曾提到的。我们需要相当数量的财富，也同样需要健康与知识。我们不仅要生活，而且还要活得好。在某种程度上，我们能得到这些，而同时又不能全部得到。我们有权要求社会组织帮助我们获得健康与知识，只要有助于达到这一目的，帮助可以不拘形式，例如建立学校，传授知识，帮助建立保健设施。

在独立宣言中，自由权是作为一项基本权利提出来的。要追求幸福，生活得好，离不开自由权，但自由权又怎么样呢？

要回答这个问题，我们就要先谈谈行动自由，即在某些限制内随意行事的自由问题。我们天生就有权获得这种自由，是因为我们天生就有自由意志和自由选择的能力。在追求幸福的过程中，我们运用这种自由意志和自由选择的能力去做出我们所必须做的正确或错误的决定。

只做决定不能执行，这对我们有什么用处呢？没有行动自由，纵然有选择自由也是枉然。如果对我们的行动自由进行不公正的限制，致使我们选择的自由遭受挫折，或者由于这种自由被剥夺而失败的话，那么，我们虽运用行动自由，最终也不会得到应有的效果。低级动物无权得到行动自由，因为它们缺乏自由意志与选择自由。动物园里不存在权利侵犯的问题，我们很同情笼中的动物，并不是因为我们认为它们的权利受到了侵犯。

对于戴刑具的埃皮克提图和狱中的贝修斯，我们则有不同的看法，因为他们可以按道义行使选择的自由，所以他们享有道德自由这种善良人所具有的美德。但是，善良人并非总能过上好日子的。要想获得幸福，只有美德是不够的，有幸获得有利的外在环境，也是一个人的成功必不可少的条件。

人所具有的天然选择自由和他通过正确选择为自己创造美好生活的义务是人天生有权自由行动的基础。那么，人要求作为环境制约自由的变态——政治自由又是怎么样的呢？

这个道理与刚才所说的一样。就是说，根源在于人的本性。不过，这里所要求的行动自由基础已不是人的天然选择自由，而是作为一种政治动物的人性。

作为一种政治动物，人所涉及的面要比蜜蜂、蚂蚁、黄蜂和野狼等喜欢群居的社会动物要广。社会性的或群居的动物，需要与同种动物一起生活。从这个意义上讲，人也是一种社会性的或群居性的动物。所以，他们自然需要在有组织的社会里与其他人一起生活。

人的社会与群居昆虫的有组织社会不同。群居昆虫社会的组成完全是由物种的本能所决定的，而人类社会则是根据意愿、约定俗成而组织起来的。我们说人类社会是自然的社会，只是从他们需要与其他人群居这个角度说的。而从人类社会所采取的形式看，例如政府、法律、协会以及构成组织的其他形式等，它们是约定俗成的，是根据理性和自由结合的，而不是其本能所决定的。

政治社区就是这样形成的。我们说，人从本性上看，既是一个政治性动物又是一个社会性动物；就是说，人的本性是喜欢在政治社区里生活，并乐意参加政治活动，成为一名有自治能力的共和国公民。

总之，从本质上说，人是具有政治性的。也就是说，人从本性上需要政治自由，需要有选举权的公民自由，以便能充满人情味地好好生活。这就是人基于自然权利，要求政治自由的基础。

人们如果被剥夺了政治自由，像奴隶或君主的臣民那样（不论君主是如何的仁慈），他们就无法满足其一切自然嗜好，无法过上充满人情味的生活，因为他们被剥夺了他们生来就有权得到的真正的善。生活在宪政统管下和共和国的人们也是一样，公民权一旦被剥夺，政治自由也就被剥夺了。

有任何道理去剥夺那些作为政治动物的人的公民权吗？对于两种人来说，剥夺其公民权是有道理的，一种人是婴儿，另一种就是精神错乱或痴呆的病人。他们在一定程度上神经脆弱或神志不清，需要住院治疗。

此外，因为犯罪行为，也可在某段时间内或终身剥夺某人的政治自由和行动自由。罪犯以他本人的犯罪行为，使自己丧失了行使自己不可让渡权利的自由。当他服刑期满后，如果不是终身监禁的话，他那被暂时剥夺的权利行使自由就会得到恢复。

21.平等的诸层面

当一事物在某一认同的方面不比另一事物多，也不比另一事物少时，我们说这两个事物是平等的。当它们不等时，其不等就在于一事物多，另一事物少，也就是说一事物优，另一事物劣。

对于平等与不平等事物的各方面，人们都是这样认识平等与不平等的。当一个人区别事物不同方面时，所不同的是：（1）所说的平等和不平等事物的特点；（2）所论断的方式；（3）对论断附加的条件。下面，我们依次讨论其中每个不同点。

（1）个人及环境制约上的平等

通常，所比较并视为平等或不平等的事物一般分为两大类：人及其他。所谓其他，是指人生活和行为的外在环境以及一切损害人的行为和福利的因素。在以后各章中，我们把第一类叫作人或个人的平等与不平等，把第二类称作环境制约的平等与不平等。

人的平等与不平等还可以再分成生来就有的和后天获得的。所谓后天获得，是指他在生活过程中获得的属性或特点，即他们对自己天赋的发展程度，以及他们动手动脑的程度。

身高的不平等是由遗传造成的不平等。两个人在天赋上的不平等也是遗传造成的。我们生下来有多大才能，这种人与人之间的不平等也是个天赋问题。

两个人，天生的智力是一样的，后来，由于两个人用脑思维的程度不同，或者由于两个人的成长、受训练和所受教育的环境不同，结果他们的天赋发展程度也可能不一样。这样，两个人最后在心智能力的发展上也就会不平等，一个人可能会比另一个人懂得多，也更会动脑子。

两个人，天生在某一体育项目上才能相同，在以后的生活中，他们打网球或游泳的技术可能会不同。

其中一个人可能会发挥其体育天赋去生产财富或从事其他。而另一个人，尽管天赋相同，却可能浪费了自己的才能，结果一事无成；或者由于他不勤奋，效率低，没有那么大成就。这样，他们必然在这方面被看作不平等。经过后来努力获得的平等或不平等被称作后天的平等与不平等。与此相比，生来即具有的个人平等与不平等被称作先天的平等与不平等。人的平等与不平等，不是先天的就是后天的。

当我们从人的平等与否（不管是先天的还是后天的）转到环境制约的平等与否时，我们就会遇到条件和机遇这两种不同类型的环境制约平等与不平等。

这两种类型之间的差异，以赛跑为例子来加以说明是最好不过了。在赛跑时，所有参赛者都站在同一起跑线。外在的环境不会有利于谁，也不会不利于谁。他们的机会平等在于他们起跑时的条件平等。赛跑结束后，这些相同的个人却有不同的结果。根据他们跑的速度，一个人得第一，另一个人得第二；还有一个得第三，等等。如果发奖，那么金牌、银牌、铜牌各代表了条件的不平等，有时也称为结果的不平等。

我所举的例子其实是复杂的。因为参赛者虽外在环境的机会均等，但由于他们的天赋不同，所以他们的参赛仍是不平等的。即使他们的天赋相同，但由于他们的训练原因，天赋的发展程度不同，结果仍会使这场竞赛成为不平等的比赛。赛前就存在的先天的和后天的不平等必然会使比赛结果不平等，尽管他们开赛时的条件平等、取胜的机会也均等。

人们常说，只给机会均等，就会产生条件的不等，其原因也在这里。竞赛的结果很可能是天赋较好和训练较好的人领先于那些天赋和训练较差的人。

不管天赋和后天才能如何，机会均等是人人都有的。不受机会均等影响的最终条件平等或许只有通过社会努力，以确保社会成员个人得到这种平等的办法才能实现，例如，一个社会的所有成员，如无特殊情况，都有相同的政治地位，譬如说参政的公民权，这样就有了政治条件的平等。

在法律面前人人平等，说明社会能够建立起条件的平等。法律在法庭上和其他法律程序中，对谁都一视同仁。也就是说，不论他们是穷是富，也不论他们属于哪个民族团体，都一样对待，这样才能有法律面前的人人平等。人虽各异，但只要与他们在法律程序上应受的待遇无关，就不要区别对待他们。

条件的平等可以是个人的地位平等，待遇上的平等，我拥有这种或那种基本人类幸福的平等，例如政治自由、财富，有利的环境或学校教育。他们能否平等地拥有这些好处，不全由他们自己决定，而是取决于社会控制的因素。

为说明这个问题，我们把条件的平等与不平等再分成下列三个主要范畴来谈，即政治、经济、社会。同样，机会的平等，即最初的平等而不是结果条件的平等，也可以用这种办法细分。

（2）实际存在的和应该存在的平等

当我们讨论个人或条件的平等或不平等时，我们的论述可以是叙述性的，也可以是指示性的。说两个人在某方面平等或不平等，这是叙述性的。说他们在某方面应该平等或不平等，则是指示性的。

谈到人的平等与不平等时，指示性的叙述是无意义的。在谈到人的任何方面，我们都不能既不考虑他的天赋，也不考虑其后天才能，就硬说他们应该平等或应该不平等。事实上，我们只能说，作为个人，他们在这方面平等，在那方面不平等。

有人提出，个人与他人交往组成社会，是“应该”基于一个与事实相反的假想，即假想人们作为个人在每个重要方面都是平等的。有人认为这种与事实相反的假定有道理，其原因是，只要所有签约人都认为他们是完全平等的，一个有组织的社会便可在社会契约基础上成立了。他们不清楚这是基于假定，所以产生这种不切实际的设想，如果揭去这块面纱，恐怕他们就不会同意签订这项社会契约。

以社会契约来解释政治社区的起源可能会被认为是不可信的神话，但是，不明真相的面纱则被认为是以社会契约方式形成社会所必要的。当人们知道事实完全不是那回事时，还硬说人们应该认为自己在一切重要方面都平等，这就没有意义了。现在已出现了各种各样的社区，包括国家或一般社会团体，这些社区是由联合起来的个人组成的，尽管这些人心里明白，他们在许多重要方面是无法达到个人平等的。

当我们从个人的平等与不平等转到环境的平等与不平等时，我们发现，作叙述性的和指令性的说明都是很有意义的。我们可以说，就影响他们生活的某种既定环境而言，这个群体的个人是平等或者是不平等的；或者说，他们在那方面应该或者不应该平等。

例如，生活在立宪体制下并获得公民身份的人，在身份上是平等的；因而在政治自由上也是平等的。但是，社会上的某些成员就可能得不到有选举权的公民身份；所以，实际上，有公民权和没有公民权的社会成员在政治上是不平等的。他们在政治身份上不平等，在政治自由上也不平等。

在这种情况下，就可能有两种彼此矛盾的指令性建议。拥护普选这种民主原则的人可能会提出，所有共和国居民（少数情有可原的除外），都应有公民权。反对普选的人则会找出种种理由提出，公民权只限于有某种特殊条件的人，如性别、肤色或财产等条件。

公正只在环境制约的平等与否范围内具有管制性，因为我们只能在环境的平等与不平等上提出指令性的建议。

在人的平等与不平等问题上，不存在公正与否的问题。因为人的平等与不平等，只能作叙述性的说明，不能作指令性的建议。在个人的平等与不平等上，不论是先天的还是后天的，都不存在公正与不公正的问题，因为它只是一个事实。

至于说，如果大自然公正的话，人就会在各个重要方面生而平等，这种说法也是没有意义的。因为大自然在它所赐予的天赋上，是没有公正与不公正可言的。只有人在他们所提出的有关条件的平等或结果的不平等问题上，才有公正与不公正。

在不应该有但又存在条件不平等的地方，可以通过公正要求建立条件的平等，以改变并代替这种不平等。个人在工作和生产中贡献不同，因而所得报酬不同，就体现了公正。

（3）种类上的平等与程度上的不等

最后，我们来讨论一下关于平等阐述中（不管是叙述性的还是指令性的）所要考虑的最难同时又最重要的限定或区别，即对下列两种条件的平等加以区别：（1）实际存在或应该存在的条件平等，但没有程度上的差别；和（2）实际存在或应该存在的条件平等，但在程度上有差别。所以，在某一既定方面，平等的人之间也是不平等的。

下列例子可使我们看清这一点。就政治条件和政治自由的拥有上来说，一切有选举权和公民身份的人都是平等的。不过，当社会上有的有选举权，有的没有选举权时，就出现了政治条件的不平等。如果说那是不公正的话，那么它可以通过建立普选制来解决。

实行普选制时，政治地位人人平等。但一些人被选或被任命为公职人员，他们与那些未被选或被任命为公职人员的人相比，有更大的政治权力；与普通公民相比，他们能在更大程度上参与政府事务。所以，我们条件上的平等就有了程度的不同，即程度上的不平等。

因为公民都能通过选举权参与政府事务，所以公民们都有某种程度的政治权力。但有些公民拥有行使公职所赋予的权力，所以他们比其他人的权力也就更大。

现在，我们看一下共和国的情况。在共和国里，普选并不普遍，而是受到限制。在这里，首先是，人被分为政治上不平等的两个部分：（1）一部分人有选举权和公民身份，因而有政治自由和某种程度的政治权力。（2）另一部分人则没有选举权和公民身份，因此也没有政治自由和政治权力。

在共和国内，还有一种政治不平等的原因，那就是，这种政治上的不平等只存在于政治上平等的人之中。他们在政治上平等，因为他们都有选举权；所以，拥有选举权的这部分人是由拥有不同程度的政治权力的人组成的。作为有选举权的公民，他们都在某种程度上拥有政治权力。不过，一些人的政治权力大些，一些人的政治权力小些。

我们面临的差别可归纳为：在环境平等的领域内，拥有某一条件的人们之中存在着平等，而拥有某一条件的群体和不拥有这一条件的群体之间却存在着不平等。这就是拥有者之间的平等和拥有者与非拥有者之间的不平等。此外，在拥有者之中，他们对所说条件的占有程度也可能不同，有的人多些，有的人则少些。现在，我们所讨论的是占有某种条件的人之中的不平等问题。这种不平等在于有的人多，有的人少。

对于我们所谈的平等和不平等，我们很难给它们起个名字。我建议把拥有者之中的平等称作种类上的平等，把拥有者和非拥有者之间的不平等称作种类上的不平等。对于拥有者之间的不平等，即有的人多，有的人少，这种程度上的差别，叫作程度上的不平等，以有别于种类上的不平等。

如果所有人都在拥有相同的特定人性上一样，同时在拥有相同的物种特性上也一样的话，他们就是在种类上平等。不过，一个人天生的天赋就可能在某种程度上比另一个人高，所以人们个人之间的不平等是程度上的不平等，即所有的人均属于同一类，但每个人又彼此不相同。

在环境平等方面，实际上可能存在着这两种类型的平等。在一个社会里，所有的成员可能在某一方面拥有种类上的平等，但在拥有的程度上可能又各有不同。有的人拥有的多，有的人拥有的少。其实，在拥有某一条件上，所有的人都可能在种类上是平等而且在程度上也无差别的，当然，这种可能性很小。

为改变现有条件不平等所造成的不公正，人们提出的建议是各种各样。

有的人拥护某种指令性意见，认为在政治、经济和社会条件下，人在种类上都应该平等，不应有任何程度上的不等。人都应该具有某些重要的美德，而且所具有的美德，又不应有多与少的区别。

另一些人虽拥护这种指令性意见，但认为，在同样条件下，人应在种类上平等，而在种类平等的基础上还应有程度上的不等。虽然大家都应有我们所说的人类美德，但有的人应该多些，有的人应该少些。

就环境制约的平等而言，即地位平等、待遇平等、财富平等和机会平等，这两种对立的观点哪一种是公正所要求的正确观点呢？对这个问题，我将在下一章回答。在结束本章之前，我不得不对那些细心阅读本章的读者表示同情。我知道，他们早已发现，解决平等的问题是不容易的，它比解决自由的问题更难。对此，我也有同感。虽然平等与自由都是复杂的理念，每种理念都有各种各样的模式，但平等性这个论题比自由的种类要复杂得多。

22.我们有权享有的平等

正如标题所示，本章与第二十章是相对应的。在第二十章里，我们谈的是我们有权享有的自由，而在本章里所要讨论的则是我们有权享有的平等，即公正所要求的平等。

这种对应，应该能使读者立即意识到我们所谓有权享有平等的依据。正如我们生来就有权享有自由那样，对于我们有权享有的平等来说，这种权利的最终根据也是人的本性。

如果人不是生来就有意志自由和自由选择能力，就是说，如果不是生来就有用以追求他们在道义上有义务寻求最终美德的意志自由和自由选择能力的话，那么，他们从本质上就不会有行动自由。如果他们从本质上就不是政治动物的话，他们从本质上就没有得到政治自由的权利。他们有权得到这些自由，是因为没有这些自由，他们的自由选择能力就不能在追求幸福的过程中发挥作用，而且会挫伤他们参加政治事务的自然情趣。

作为人，我们有权享有的平等是环境平等，不是个人平等，是条件的平等，如身份、待遇和机会上的平等。我们的人性怎么能证明我们有权得到这些平等呢？

这个问题的答案是，作为人，我们都是平等的。我们作为个人是平等的，在人性上也是平等的。一个人，在人性和个性上都不可能超过他人或低于他人。我们认为，人（而不是物），所据有的尊严是没有程度差别的。世间人人平等，是指他们作为人在尊严上的平等。

如果在共同人性上不是人人平等的话，那么，就不会人人有权获得条件的平等。在古代有一种错误的教义，它清楚地提出了这一点。不过顺便说一下，这种教义在当今世界上仍以许多伪装形式出现。古代曾有人认为，一些人天生就是奴隶，所以，比那些天生就是他们的主人的人低下。如果这种观点正确的话（其实不然），那么，并非所有人都有权享有一切条件平等，即在身份上、待遇上和机会上的平等。

正确观点是有生物理论作根据的。任何生物物种的成员，不论是人或其他生物，在拥有由遗传所决定的那类生物性质和能力方面都是一样的。某一物种成员共同拥有的这些性质，被称作物种特性。

在这些物种特性中，有些是类性的。其他动物也是有这些类性的。以人为例，人的植物性和感官能力就是这样的。在人的特性中，只有一部分是不属类性能力的。由于它们是人种所独有的，有决定性的性质，所以他们在种类上不同于其他动物。

因此，说一切人在共同人性上平等，就等于说，所有人都具有相同的物种特性。这其中的一些物种特性是与其他动物所共有的类性，而另一部分则是人所独具，它们有决定性的性质，例如：人的自由选择能力和概念思维能力。

独立宣言讲道：人生而平等，并由造物主赋予了不可让渡的权利；从表面上看，这并非是不言而喻的真理。即使用“从本性上是平等的”代替“生而平等”，用“天生就有某些不可让渡的权利”代替“由造物主赋予某些不可让渡的权利”，也并非不加证明就能明白的。

即使我们作了如上替代，宣言中所阐述的真理也是根据事实证据，是根据证据和推理得出来的真理。它驳斥了古代某些人所说的：在同一人种的所有成员中，一些人生来就是做奴隶的。

在这里，我不想提供什么证据与推理来证明，人，作为人种的成员，实际上是平等的。这个结论是有根据的。我在另一本名叫《人的差异以及这种差异造成的差异》的书中，已提出过证据与推论。

该书的结论是，人与其他动物有机体相比，不仅在程度上，而且在种类上也不相同。意思是说，虽然人与其他动物有某些共同的类性，在程度上有差异，但是人的某些独特性质也是其他动物所完全不具备的。正是这些独特的性质形成了人与其他动物在种类上的不同。

人生而平等的说法是真实的只限于能够实际证实人与人平等这个方面。也就是说，他们都是人，都具有人种的特性，尤其是他们都具有属于人种一切成员的特殊性质。

在其他方面是不存在人人平等的。两个或两个以上的人，就个人来说可能在其某一方面相同，比如身高、智力、才能或美德方面，但所有的人都在这方面相同则是不可能的。

人与人不同反倒是真实的。当我们考虑到人类所有成员时，我们发现，除了他们所具有的共同种类特性和种类能力外，在其他方面他们之间都有着不同程度的不平等。换句话说，虽然所有的人都具有共同的类性和特殊的特性与能力，但在程度上却有着差别，有的高些，有的则低些。

在同类别的个别成员间，也有着差别。有的是由于遗传的原因在天赋上存在的差别，有的则是由于个人后天努力所造成的结果。使一个人在某方面优于或劣于他人的这种程度上的不同，就是由于这些个别的差异造成的。

一个人虽然从本质上说在种类上与另一个人相同，这就是说，他们具有相同的种类特性，但在程度上他可能天生就与那个人有着差异，也就是说，两个人由于遗传的原因，在拥有的性质与能力上天生就有程度上的高低，有着多与少的差别。此外，一个人不仅由于遗传原因在天赋上有别，而且在后天才能的获取上也可能有优有劣。这可能完全是由于个人努力的不同造成的；不过，在某种程度上也可能是由于个人力求进取过程中有利或不利的环境造成的结果。

为简便起见，我们在谈及人人都有的个人类别平等时，用“特有平等”一词，在谈到个人在其他方面的平等与不平等时（不管是天赋程度上的或后天获得上的平等与不平等），我们都用“个人平等”或“个人不平等”。

从人在种类上的特有平等这个陈述性的说明我们能想到什么呢？它使我们感到，根据公正或权利，所有人都有权获得同类环境制约的平等，尤其是在政治地位、待遇和机遇上以及在经济地位、待遇和机遇上的平等。

因为所有人生来平等，所以他们生来就都有某些不可让渡的权利。所谓不可让渡是因为它们是人类特性所固有的，不是单纯由法律规定的。用法律规定来保障这些权利可能是必要的，但它不能使这些权利成为不可让渡。

只有法权是可以让渡的。法权是由国家制定的，所以也可以由国家撤销。自然权利可能受到国家保护，也可能受到国家侵犯，但它们不是通过国家给予才存在的，而且它们也不因受不到国家法律的保护与承认而停止存在。

正如我们所看到的，人本性就有自由选择能力。所以，他们具有一种天生的不可让渡的自由行动权利。另外，由于人生来就是政治动物，所以他们生来就有一种不可让渡的政治自由权和参政权。根据公正的要求，人人都应有参政的平等地位，他们通过平等的地位去行使参与管理的权利。每个公民都有这种权利，但是那些被剥夺了选举权而失去公民权的人都没有这种权利。一切有参政权的公民，如果在某种程度上拥有了这种权利，也就在某一种类上有了环境上的平等。在有这种权利和没有这种权利的人之间，是存在着种类上环境的不平等的。

现在，我们从政治领域转到经济领域上来。同样的推理会产生同样的结论。人从遗传上讲是动物，从特性上讲是人，所以他既具有生物的需要，也具有人的需求。所谓生物的需要是指为了生存，需要生活资料；人的需求是指他需要舒适，安逸，以便生活得好。所谓经济物质是指人为了生存，甚至生活得好，生活得幸福所需要的物质。

这些需要不仅仅包括吃、喝、穿、住，还包括有助于满足人对知识和技术需要的学校教育，有助于满足健康需要的好环境，包括除劳动谋生外，要有充裕的时间去满足人们对娱乐的需要，有足够的时间去从事各种形式的学习与创造活动，以充实心智。

人有权得到充裕的经济物质以便生活得好，生活得舒适。人的这种自然权利来自人对上述物质和有助于获得上述经济物质的自然需求。自然权利的存在使我们得出这样的结论：每个人都有权得到过好日子所需要的经济物质。

正如一切人都有权得到种类上的政治平等一样，他们也都有权得到经济上的平等。

在政治自由上，所有人都应该成为拥有者，谁也不应没有政治自由，谁也不应被完全剥夺掉政治动物所需要的参政权。

所有人都应有过好日子所需要的财富，即经济物质。至少要有满足生活的经济物质。就这种经济物质来讲，没有一个人是被全部剥夺的，因为全部被剥夺就意味着死亡。不过，没有一个人是应该贫困的，所谓贫困就是指没有足够的财富去生活。

不管在政治领域还是在经济领域内，公正只在人类自然需求的基础上要求人类拥有根据自然权利应得到的条件平等。

刚才的说法，既不是前面所讲的极端自由主义，也不是极端平均主义，而是介于两者之间的一种主张。

自由主义者持一种极端看法，认为一切人有权得到的唯一环境平等是机会均等。其理由是：这种平等趋于最大限度地扩大个人的行动自由，尤其是在经济领域内冒险精神的自由。

自由主义者正确的方面是：他们认为，有组织的社团想建立经济条件的平等而不是机会的平等，这必然要导致政府制定法规并采取干预经济活动的措施，限制个人行动自由和冒险精神的自由。自由主义者所犯的错误是看不到这种为了公正而对自由的削减是对自由的适当限制。他们的错误在于他们所要求的自由超过了公正的允许。

平均主义者却走向另一个极端。他们认为，人类有权得到的环境平等，不应该仅仅是有着程度差别的种类平等，而是要超过它，应该是环境平等的极端形式，是没有程度差异的条件平等。

用政治术语来说就是，所有人都应有政治自由与权力，对于大家应该拥有的权力，要谁也不多，谁也不少，因为这对参加政治生活是必不可少的。

用经济术语来讲就是说，对于过好日子所需要的财富这一经济物质形式，人人都应该有。不过，话又说回来，对财富拥有的数量，应该都一样多。对于大家过幸福生活所需要的财富，人与人之间不应有多有少。无论在政治还是在经济领域内，介于两种错误的极端主义立场中间的，是要求一种适当的而不是极端形式的环境平等。至于每个人所需要的政治或经济物质，则要求不要超越每个人自然权利的限制。只要不低于每个人自然权利的要求，人们就会满意的。

适当的或者说是有公正限制的条件平等，是种类上的平等，是政治或经济物质上的种类平等，也是公正所要求的一种伴有程度不等的种类平等。公正只要求所有人都应成为政治或经济物质的拥有者，但它并未要求所有人应在拥有的程度上相同。相反，对于每个人根据公正所有权得到的物质，有些人却有权多得，有些人则少得，而且这也是合乎公正的。

对于平均主义者基于种类上个人平等所提出的条件平等，我们可以再提两条理由来反驳这种条件平等的错误要求。

首先，平均主义者看来忘记了，人类所有成员的种类平等，是伴有各种各样的个人不平等的。这其中有的是先天的，也有的是后天的，还有个人如何运用其天赋和后天所得才能的问题。

个人间的平等并不像许多精制的轴承那样，除数目不等外，在各方面都彼此相同。每个轴承的性质都相同，没有任何程度上的差别。轴承是没有个性的。人与轴承不同，他们是有不同个性的，而这些个性的不同又使他们彼此间虽属性相同但多少又有些不同。

主张所有人都有权要求政治上或经济上环境条件平等，而且在程度上没有任何差别，这是无视或忽略人与人之间存在着程度上的重大个人差别。这些在程度上的个人差异，要求在程度上的环境不平等，就像我们个人的种类平等要求环境的种类平等一样。

平均主义者所犯的错误，与无视或忽略人与人之间个人种类上平等的精英统治论鼓吹者所犯的错误是一样的。精英统治论鼓吹者只根据个人程度上的不同，就建议人们在政治和经济物质方面应有不同程度的环境差别。除机会均等外，他们或许会反对任何种类上的环境平等。他们接受机会均等是因为他们相信，在生活竞争中，优秀者必胜。

要避免犯精英统治论的错误，不一定非走到平均主义这个极端。只要根据公正要求，照顾到人与人之间个人平等的同时不忽略个人间的不平等，在照顾到个人间不平等的同时又不忽略个人的平等，这样做就行了。

很可能会发生滥用公正的现象，使自由变得毫无限制，从而损害对自由的准许。极端自由主义是有可能的，但极端平均主义却是行不通的。超过公正所允许的更大自由，在社会上可能会有，但超过公正所要求的更大的平等却不能维持。

主张所有人都应有政治自由和权力，但在拥有的程度上不能有多有少，就是推崇极端的直接民主。主张公职内外的公民之间不允许有任何差异；主张在这个民主政体内没有任何的行政长官，一切事务都以全体公民投票决定。

这种极端的民主是否曾在雅典或新英格兰的城镇里存在过，很令人怀疑。在任何一个大国中，这种民主实际上肯定是不可行的。因为国家里有那么多人，所有成员都彼此面对面协商是不可能的。在当今世界上，即使国家和政府在处理复杂的问题时也不可能做到每个人都面对面地协商。

在经济领域内，主张所有人都应有他过好日子所需要的财富（这种经济物质形式），而在占有的财富上还不能有穷有富；这其实是提倡一种根本不曾有过的条件平等。修道院或许是个例外；在那里，僧侣们发誓要过清贫的生活，这样去分配整个寺院得来的一切财富。

在当今条件下，如果让所有个人或家庭的任何财富都一样多的话，这种经济条件的绝对平等是不会持久的。要想使这种经济条件的绝对平等持久，就得用一根魔棍把这种绝对平等变出来，并将它维持下去。既不用魔法，还要使这种极端形式的经济平等可行，这是任何人都不曾获得成功的。

23.公正同样需要不平等

我们这里所要讨论的政治和经济上的平等，是种类上的平等加程度上的差异。在种类上平等的人中，程度上的不平等是经常发生的。

说到政治上或经济上的拥有者，这是没有拥有的多少和不够或有剩余之分的。

我们来看看政治平等，那样会帮助我们解决更难理解的经济平等问题。

有些公民，由于有参政公民的身份，因而有权获得最低限度的政治自由与权力，他们应在不同程度上拥有更多的权力去参与政府事务。这些公民一度掌管一些公务，并因此而根据宪法要履行公职。根据他们所负职责的大小，相应地多给他们一些政治权力和公务上的发言权，这是正当而适宜的。

对那些无公职的普通公民来说，分给他们的最低限度的政治自由和权力，足以使他们通过选举，参与政治，使他们在选举或表决中有发言权，并参与地区或全国性的党政。这些至少都是行使参政权所需要的。在不同程度上拥有更大权力的人之所以有权要求更大权力，是因为他们要在政治上履行大于一般公民所负有的责任。

正如亚历山大·汉密尔顿所说，政治权力与政治责任必须相称，否则就无法有效地履行政治职责。因此，担任公职的公民必须比不担任公职时有更大的政治权力。

所以，在实行普选的立宪政府中，除婴儿和精神病患者外，一切有参政权的公民都要在政治上平等。人人都有必不可少的最低限度权力去参加公共事务。他们当中一些掌管公职的人，在不同程度上拥有更大的权力并在公共事务中有更大的发言权。除非首席行政官或国家元首自己违反宪法程序，擅取过大的权力，否则不会出现因权力过大而使普通公民的参政权有名无实。

在这里，公正的运作原则不同于我们所见到的人人有权要求种类上政治平等的运作原则。

人人有权要求种类上的政治平等，是基于所有人在种类上的个人平等，基于他们建立在人性内在需要基础上的同一自然权利。作为一个政治动物，人需要，也有权参与政治事务，这是人性内在的需要之一。

在这里，我们之所以给某些公民以更多的政治权力和在公共事务上以更大的发言权，并不是因为他们是人，而是因为他们公务的要求，是因为他们有责任履行政治功能。

把根据自然权利属于每一个人的东西归还他自己，和使所有人都有权得到政治和经济平等，这些都同样是公正。这里的政治和经济平等是指种类上的平等。这种平等首先是使所有人都有他们过好日子所需要的政治和经济物质。

对有平等地位的人平等对待，对地位不平等的人根据他们的不平等给予不平等待遇，这是公正。使一些政治和经济物质的拥有者在不同程度上占有得多些，另一些人占有得少些，这也合乎公正。因为这一点最重要，所以我们要再重申两条：（1）无论是谁，占有得再少，也要够他生活的目的；（2）不论是谁，占有得再多，也是够用而已。

据此，在这条基础线上，有选举权的公民在种类上都是平等的。就是说，他们都有履行参政权所必需的最低限度的政治权力。一些公民，由于选举或任命而担任公职，他们在这条基础线以上，在不同程度上有着更多的政治权力。

在这条基础线以上的人们，合法地拥有较多的政治权力（即正当权益），这是由于宪法授予他们所掌管职务的权力。如果他们靠自己在社区里财大势大，靠他们个人的魅力或其他形式的特权与威望，去运用不适当的影响以得到更大的权力，那就是不正当的。

我们刚才讨论的这种政治情况，为我们提供了一个处理经济上平等与不平等问题的模式。

像在政治领域内一样，在经济领域里，公正的第一原则是，把根据自然权利属于大家的东西还给他们自己。所有人都有一种自然权利去得到过好日子所需要的经济物资，使他们不因某种程度的经济损失而贫困潦倒。

当公正的这一原则在一个社会里毫无例外地有效实施时（因为经济领域与政治领域不同，一般不应有例外），所有人都是经济上的拥有者。在这条基础线上，所有人都在经济上有着种类平等。我们所说的基础线是以财富能达到生活的目的为标准的。

超过那个标准就是过多，这有道理吗？一些人有权得到比处于基础线的人还多的财富，这样正当吗？为什么有些人的财富比别人多，并导致在程度上经济不平等，这是公正所要求的吗？

公正的第二原则也像在政治领域内一样，解决了经济领域内的这些问题。但是，这项原则在经济领域内的使用是不同的。

那些占有超过人类自然所需最低限度财富的人，并不是基于其自然权利得到这些财富的。他们得到这些财富是靠他们所做的工作，而不是因为他们是人。

在政治领域中，那些有权得到更多政治权力的人所做的，是履行他们手中政治职务的功能。根据宪法，他们有责任把这项工作做好。在经济领域内，那些有权得到较多财富的人，则要生产出更多的财富。

如果说这不是唯一原则的话，它至少也是他们能合法得到较多财富的原则。如果他们通过偷盗、抢劫，或在分配财富上利用权势而不是靠多做贡献的话，那么，他们获得较多的财富则是非法的。

在经济领域内，对公正的第二项原则的运用我们可以先这样说：把每个人生产的财富归还他本人。这句格言，只有在个人独立工作，以创造财富的情况下才能成立。在这种情况下，生产得多的人，有权得到他全部创造的财富。

当人们通过各种组织安排，以各种生产工具从简单劳动向复杂劳动过渡以共同创造财富时，这句格言就必须改为：按照每个人对大家协同生产创造财富所做贡献的大小，进行分配。

如果协同生产的人所做的贡献都一样大，其实在复杂的经济生产中这是不大可能的，那么，大家就有权平分财富。如果协同生产的人所做的贡献大小不一，其实这是很可能的，那么根据贡献的不同进行分配则是符合公正的。

贡献大的人比贡献小的人理应多得。对于这样一条分配原则，必须加上两个条件：

（1）必须以某种方式满足一切人的最低经济需求。在这个经济基础线上，必须人人平等。对这些财富，每个人都是生来有权得到的。

（2）由于可分配的财物数量有限，所以谁也不能根据他的劳动贡献去赢得（而不是偷或抢）很多财富，以致在某方面影响大家维持家庭在基本线上的经济需求。

总之，即使根据按劳分配的原则，也不应由于分配不均而出现贫困。

这里，我们必须看到提出经济公正所出现的一个复杂情况，这是在政治领域内不曾有过的。在政治领域中，不存在下列矛盾，即人人有权拥有政治权力与政治权力的不平均分配符合公正这两者之间的矛盾。所谓人人有权拥有政治权力，是指人人有行使参政权所必需的最低政治权力。所谓政治权力的不平均分配符合公正，是指这种政治权力的不平等分配是由于担任公职人员要履行的任务与他们不同程度的职责所决定的。

不论是谁，谁都不能占有过多的政治权力，以致破坏基础线本身，或造成一些人的公民权被剥夺从而降至基础线以下，使之成为政治上的臣民或奴隶，并因此失掉一切政治自由与权力。

在经济领域内情况则不同。供应的财富有限，而一些人又占有太多，结果剩下的财富不够进行公正地分配，不能满足所有人的最低限度需要，这种情况是可能的。也就是说，没有足够的财富供大家正常生活需要。

认识到这一点，就是承认在经济领域内公正的第一和第二原则是相互冲突的。第一原则要求每人每家都要有他们有权得到的最低标准的财富，而第二原则却主张多劳多得。当一些人或一些家庭，在生产上做出了相当大的贡献，他们的合法所得极多，结果没有多少财富可用来根据大家都有的经济需求进行分配时，第一原则就被第二原则所取代了。因为第二原则是多劳多得。

在经济领域内，公正的这两条原则之间的矛盾只能通过在第二原则上加一条限制来解决。不管是谁，他的正当收入都要有所限制，以便有足够的财物按人的自然权利要求进行公正地分配。约翰·洛克在“再论市政”中关于财产的那一章里，首先提出对正当所得要有所限制的原则。

对于贡献不同的人，要按其不同的贡献给予不同的报酬。这项公正原则必须附属于按每个人最低限度需要进行平均分配的公正原则。在经济领域内，根据自然权利的公正应优先于根据对财富生产贡献大小的公正。

上述对经济方面公正的分析，需要对马克思主义者关于财富分配的论断作一简要评论。

卡尔·马克思在《哥达纲领批判》中提出“各尽所能，按需分配”。这样就改变了原来平均主义对财富分配问题的提法，即“在分配上人人平等，毫无差别”，从而代之以共产主义的提法。

从上下文中可清楚地看出，马克思在当时并没有想到自然需要对谁都是一样的这一点，否则他就会说，“对任何人，都根据其共同的人类需要进行分配”，而不说“按需分配”。那样的话，就不会对平均主义的提法进行修改了。

从文章中清楚地看出，马克思没有想这些对任何人都一样的自然需要。他想的是由于工人年龄的大小，所供养家庭人口的多少，有无病残需要照顾等所造成的临时环境需要。

只要我们能以这些临时环境需要为依据，给不同的工人以不同的报酬，即使工人所做的工作相同，所创造的财富相等。这样，原来平均主义者的原则看来也要因为在种类平等上又增加了程度上的差别，从而被废弃了。

但是，我们仍可以这样说：在种类上人人平等没有增加程度上的差别。能满足特定临时需求即能满足一切家庭的需求。够一个吃闲饭的人多、病残人多的家庭需要，就够一个吃闲饭的人少、病残人少的家庭需要。

对原来平均主义者的原则作真正修改的是尼基塔·赫鲁晓夫，他增加了“按劳分配”这样一句，它并没有取代而是补足了“按需分配”。所谓按需是指自然需要或环境需要。

当两种原则相结合时，“按劳分配”附属于“按需分配”的矛盾便获得解决，并导致种类上的经济平等（就是说，每个人或家庭都处在拥有者这个基础线上，他们够维持生活），这种种类上的经济平等又有程度上的经济不等，一些个人或家庭超过基础线，他们不但够，而且有剩余，但不致造成某些人的贫困。

我们都把政治权力分配原则视为宪政民主的原则。同样，也把公正在财富分配上的原则看作是社会主义的原则。有些人不喜欢“社会主义”这个词，甚至会因为在这些原则前加上“社会主义”这几个字而拒绝接受公正在经济领域内的健康原则。这些人应该认识到，社会主义与共产主义是有区别的。

社会主义的原则也可以用社会化的资本主义实现，即我们自己的这种混合式经济。在混合经济中，仍保留着生产资料私有制，即既有公有部分也有私有部分。在这种经济中，有公正控制的企业自由，不是毫无控制的自由放任。

社会主义原则只在下列经济体制中不能实现，即企业自由不受公正制约，少数人掌握下的生产资料私有制使他们积累了过多的财富（即使他们所积累的财富是正当劳动所得），致使许多人与家庭陷入贫困的地步。

公正的经济，不论是通过共产主义取得的，还是以社会化的资本主义取得的（确切地讲，前者是没有企业自由的国家资本主义；后者有时被称作混合式经济，因为它对资本私有制有某些限制，而且政府对企业自由也有某些规定），公正的经济都是没有贫困的。所有人或家庭都参加一般经济福利事业，至少每个人在需求基础上都有应得的那些财富。在公正经济中，一些人对生产贡献大，当然也就得到的多。

正因为如此，我们把实行国家资本主义和实行社会化资本主义的国家叫作“福利国家”。这两种国家都想实现社会主义原则，尽管只有前者想通过共产主义的方法而不用私有财产和自由企业的办法来实现这些原则。

在谈到社会主义原则就是公正原则，在基础线上经济条件平等，超过基础线又有不同程度的不平等时，我一直未提另外一种非常重要的原则，这就是马克思和赫鲁晓夫先提出来的“各尽所能”。这个“各尽所能”的原则优先于“按需分配”和“按劳分配”的原则。

这项原则有两点需要说明：第一，必须指出，任何国家都有一些人不能创造任何财富。这就如同政治领域内有些人不能行使政治权力，不能参政一样，如婴儿和精神病患者。他们必须由家庭、私人慈善事业或国家收容所来照管。他们没有政治权力是公正的。

在经济领域内，婴儿也必须受到家庭或国家的监护。此外，有些人身残不能创造任何财富。他们也要由家庭、私人慈善事业或国家来照管。

他们的基本经济需要与那些能为生产出力的幸运儿是一样的。即使他们不能通过双手赚更多的钱来使自己的生活高于基础线，公正也要求他们能有足够的财富过好日子，以满足他们的经济需求。

这样就产生了第三类人，他们能从事生产，但在经济领域内找不到工作，所以他们不能赚钱维持最低生活需要，更没有剩余可言。只要找不到工作不是他们本身的过错，公正就要求这些人应用福利金来养活。

对于那些既能够，也愿意工作，而且不是由于自己的过错而失业的人来说，国家福利的帮助使他们像小孩子依赖家庭那样靠国家养活。这是一种耻辱，不应逼迫成年人接受。为不使那些能够而且乐意工作的人遭受到这种耻辱，要把经济安排得完全公正，就要使每个能够创造财富维持生活的人，要么能过上像样的日子以满足经济上的需求，要么就挣更多的钱但又不违反前面所说的限制。

对于“各尽所能”这个原则，我所要说的第二点是关于因能力不同所以个人所做的贡献也有程度上的不同。这些能力上的不同首先在于天赋上的差异。这些人生来就有天赋或才能，所以比那些天资差的人作的贡献大。

对能力有别的另一解释是，个人如何利用自己天才的问题。就是说，他们通过自身努力，发展自己天才的情况。天赋相同，最后取得的成就可能不同；甚至可能会是，天赋差的人所取得的成就超过天赋较好的人。因为前者比后者更充分地利用了他们的天赋。

造成能力差别的另一原因是，个人在发育期的环境不同。例如，那些被剥夺了享受学校教育的人，可能会因此而不能很好地利用其天赋。结果，其成就还不如天赋差但有较优越学习环境的人。

学校教育只是影响个人获得后天才能的许多环境因素之一。优越的环境有助于人增长才干。不利的环境会妨碍个人取得任何成绩。

因此，根据公正，只有在环境条件也同样有利的情况下，才能使“各尽所能”和“按劳分配”公平合理。所谓有利环境，是指在这种环境下，天赋不同的人都做出同样的努力以展现他们内在的才能。

刚才讲到机会平等的问题。在天赋不同的个人作了同样努力的前提下，天赋上的不平等必然导致后天才能上的不平等。所以，每个人都必须有平等的机会以运用并很好地发挥其才能。

根据我们所讨论的公正原则，由于后天才能发展的不同，无疑会导致赚钱的多少不等。所以，每个人都必须有平等的机遇，以便在生产工作中发挥其先天与后天的才能。

此外，应有平等的就业机会，以使那些在先天或后天上有才能的人能创造出更多的财富。如果能力很强，环境不利，结果被迫做低下的工作，那就不是机会平等所提倡的了。

机会平等与公正要求的条件平等并不相冲突。条件平等优先是应该的，因为它是基于公正的第一原则。就是说，根据需要，人人都平等。

当由于“按劳分配”这项公正第二原则而出现条件不等时，机会的平等与公正所要求的条件不等也不会发生冲突的。

机会的平等，不但与公正所要求的条件相等不矛盾，相反，它还有助于第二原则的公平运行，给人以同样有利的环境，使其充分发挥各自不同的才能，把他们后天得来的本领（无论是道德上的还是才智上的），都用到政治活动和财富的创造上。

24.公正的范围

在第三部分的开头（即在第十八章里），我曾指出，自由、平等和公正这三者是密不可分的。讨论自由与平等，离不开公正。现在我们已经看到，情况的确是这样；尤其是在讨论自由与平等出现的某些一致性上，则更是如此。同时，在讨论自由与平等的过程中，我们学到许多关于公正的知识，例如，公正的允许范围，要求范围等。现在，我们抛开自由与平等，只看看公正这个理念。

公正有两大领域。一个是关于个人与他人，以及个人与有组织的社区（即国家）之间的公正。另一个领域则是关于国家与构成国家人口的人之间的公正。所谓国家，指的是政府的形式与法律和它的政治机构与经济组织。

在本书的前几章里，我们已或明或暗地谈及并纠正了两个影响我们正确理解公正的严重错误。

一种错误认为，正确先于善。认为正确与否比善更重要。这种错误起源于伊曼努尔·康德的道德哲学。三十年代初，一位牛津大学的哲学家伍·德·罗斯教授出版的《正确与善》一书中使这一错误更广为流传至今。这种错误是由于不懂真正的善与表面的善的区别造成的。也就是说，不懂人类所需要的善和人们想要的善之间的区别。如果他们好好阅读并吃透亚里士多德的《伦理学》，他们是可以避免上述错误的。

一旦认清了真正的善与表面的善的区别并理解了其全部意义，人们便会立即发现，一个人不知道什么对他们是真正的善，就不可能看出一个人的行为是否正确。

真正的善是基于自然需求，可以转换成基于同样需求的自然权利。虐待他人就是侵犯他人对真正善的自然权利，因此，也就是剥夺他对真正善的拥有，妨碍他对幸福的追求。以这种方式虐待或伤害他人，就是对他人不义的实例。

总之，一个人，不懂得什么对自己是真正的善，就不可能行善，就不可能不伤害他人或不做坏事。人根据自然权利得到的唯一东西是真正的善而不是表面的善。我们的自然权利只是为我们得到我们所需要的东西，而不是我们想要的东西。“按愿望分配”不是公正原则，也根本不实际。倘若真付诸实践，必会引起汤姆斯·霍布斯所说的“每个人都以公众为敌的战争”，他也曾把这种事态说成是“讨厌、野蛮和唐突”。

如果像罗斯教授所说的那样，正确优于善，那么，我们就应能判定，在我们的行为中什么是正确或公正，而不必考虑什么对我们是真正的善。不过，那样做是不可能的。

第二种错误对眼下的问题是同样严重的，它是在哈佛教授约翰·罗尔斯所写、最近出版的《公正的理论》中提出的，这本书引起广泛议论，受到过分的赞扬。这种错误在于，在个别人的交往之间和社会对待其成员所采取的行动上，它把公正与公平相等同。

在我们看来，公平就是对地位相等的人平等对待；对地位不同的人，按他们不同地位区别对待。其实，那只是公正的几个原则之一，根本不是唯一的原则，当然也不是主要原则。

如果像罗尔斯教授所说的那样，公正只存在于公平之中的话，那么，谋杀他人，伤害他人，毁弃信约，误将他人收监入狱，奴役他人，诽谤他人，恶意骗人，使人贫困潦倒等，就都不是不公正了。因为这些行动没有一个是不公平的。这些行动都是对权利的侵犯，但并未违反地位平等的人应受到平等待遇这个原则。

只有在人、人的功能以及服务方面，人的平等与不平等能够决定什么是公正和不公正时，公正与不公正才能和公平与不公平相等同。

相反，当公正与不公正取决于人类天生所具有的自然需求和权利时，公正与不公正则取决于什么对人是真正的善与恶，而不取决于他们个人的平等或不平等，也不取决于他们工作的好坏。

人生而平等，并且天生就具有同等的自然权利，但这不能使他们的平等或他们对权利的平等占有成为公正对待他们的基础。如果只有两个人存在，其中一个人可能对另一个人不公正，例如恶意地欺骗他，或误将他收监入狱。这种错误行径可说是不法，但这不是平等不平等的问题。说它不法，是因为它侵犯了他的权利。

谋杀、伤人、抢劫、绑架、诽谤、毁约、误囚、奴役、暴虐、伪证、偷窃，以及许多其他触犯道德法或民权法的行为都是不公正的，但并非不公平。它们都侵犯了自然权利和法权。它们的非公正之处（并非不公平之处）就在这里。

谋杀是非法剥夺一个人的生存权利。暴力伤人，拷打，攻击或殴打是非法损害一个人的健康，而健康又是人天生就有权获得的。误监禁人，奴役人，对人专横，这都侵犯他人的自由权利。诽谤、伪证和偷窃毁坏了他人的名誉，骗去人们有权获得的真理，拿走人们生来就有权或根据法律有权得到的那些属于他们自己的财物；使人穷困潦倒，无法安然生活，这是剥夺他们天生有权得到的经济物资。

所有这些不公正行为都在于侵犯了权利。在这些例子中，给受到不法待遇的人造成的最终影响，是损害了他对幸福的追求。如果一个人的生活环境和他受到他人或国家的待遇有利于他追求幸福，那么这种环境与待遇就合乎公正；若对追求幸福有损害、有妨碍，或不利于他对幸福的追求，那就不合乎公正。

当无法用公正解释区别时，就出现了不公平的说法。男女同工种，干得一样好，但不同酬，这是不公正的待遇。它之所以不公正是因为它不公平，对同样的人给不平等的待遇。

性别的差异与待遇是毫不相干的，就如同肤色、种族和宗教的不同一样。因为这些差异与待遇不相干，所以这些人应该是平等的。如有工作空缺，他们都一样有权被考虑。一旦他们被雇用，而且干得又毫不逊色，他们就有权得到同样的待遇。不一视同仁，就是对他们待遇不公正，就是不公平。

当情况需要区别对待而不区别对待时，不公平，所以也不公正。多劳不多得，不公平。小孩对这种不公平最敏感。父母给孩子分派家务，有的孩子尽职尽责，有的孩子没有干或干得很少，而父母却对他们一律平等相待。对父母这样不主持公正而感到不满的孩子会哭喊：“这不公平！”

在劳资交换中，当一个人所接受的比他应得的少或者多时，就出现了不公平。卖肉的在秤盘上缺斤少两，欺骗顾客，就是索价不公。因雇员急于找工作，雇主就出低价雇用，这是侵犯权利，是不公平；他给的工资低于雇员应得的工资。公正在交换中的主要体现是公平的工资和公平的价格。

除交换之外，分配过程中也会出现不公平。两个士兵都有非凡的英雄行为，荣获国会荣誉奖章，这种奖赏是公平的。但是，如果两个士兵同样勇敢作战，两个人受到的奖励不同，这样的荣誉分配显然就是不公平或不公正的。

受到不公平待遇的人，由于性别、种族或宗教这些与待遇不相干的事而不公正地遭到歧视时，就更显出分配过程中的不公平了。这种不公平源自不公正的差别待遇。如果寻求某公职的人能力相等，只是由于一些与履行公职不相干的原因而不被录用的话，那么，在公职录用上就出现了不公平。神像的眼罩象征性地表现了公正的这种不加区别的特性。

人们可能会看到，我们在讨论“公平”的时候，用了“应该得到”这几个字。例如，一位妇女，得到的报酬比她应得的少，一个士兵所得到的荣誉不如他应得的荣誉高，卖肉人骗顾客，给的肉比顾客应得的少。在我们理解什么是公平时，“应得”这个词引进了权利的观念。我们当然可以说，一个人应得的，就是他或她有权利得到的。如果一个人有权得到的是一件他应得的东西，那么，为什么每个侵犯权利的不公正行为并非都是不公平的呢？

这个问题的答案在于，在决定什么是公正，什么是不公正时，首先要考虑什么？

当一个人应得的权益是基于他的自然权利或法权时，因为那项权利受到侵犯，某个行为就算不公正，那么，那项权利就是判定是否公正的根据。

当一个人应得的权益是通过与另一个人所应得的权益相比较来判定，而且所比较的是这两个人已完成或能完成的工作时，那么，他们工作的好坏，或他们工作的能力，则成了判定他们的待遇是否公正的标准。

在分配上，人与人之间是否公平，总要对有关人员的功绩做些比较，而这些比较又总要考虑到平等与不平等的问题。人与人之间的交换是公平还是不公平，总要涉及对交换物的价值做些比较，而这种比较也总要考虑到平等与不平等。这就是公正和不公正与公平和不公平相等同的根本所在。

相反，与侵犯权利相等同的不公正则不需要比较两个人的功绩或两件东西的价值，而且也不涉及对平等与不平等的考虑。只要一个人有权利，这就足以使任何侵犯该权利的行为成为不公正。

在东罗马皇帝贾斯廷尼恩的罗马法的开头，对公正所做的定义是：一贯而且永远想给人以应得的权益。这个定义看来包括了两种形式的公正，一种是保障权利以避免受到侵犯，另一种在于公平地对待每一个人。但是，看上去的情况只在表面上是真的。东罗马帝国皇帝的这个定义，虽包括了两种形式的公正，却忽视了它们之间的差异。

一个人应得的权益可以根据以下两条来决定：（1）根据他天生的自然权利或国家法律的允许；（2）比较两个人的工作能力或所完成的工作情况。

这两种形式权益是互不相同的，就如同两种形式的不公正一样，其中一种在于权利的侵犯，另一种在于不公平的分配与交易。此外还有一种有别于以上两种不公正的形式。

自然道德法赋予我们三项义务。第一，要我们求善避恶。说清楚一些就是，追求一切对我们真正有好处的东西，使之成为我们整个美好生活中不可缺少的一部分。

这第一条并不是公正的原则，因为它是关于私人生活的行为问题，只有自然法的第二、三条才是公正的原则，它们是关于一个人与他人之间关系的行为。

自然道德法的第二条准则是要我们行善，不要作恶。细说起来就是，对人要公正。就是说，（1）不要侵犯他人的权利，不妨碍或挫伤他人对幸福的追求；（2）在分配与交易上，要公平待人。

第三条准则是要我们一切行动为社区的公共利益或福利。这是公正在贡献方面的准则，它不能作为自然道德法第二条准则的附属而与上述两种形式的公正相转换，就如同上述两种公正形式不能互换一样。

譬如，叛国的公民是做了一件有损国家安全与福利的事。他没有侵犯他人的权利也没有在与人交往中不公平地对待别人，从而直接伤害别人。同样，贿赂官员以达到其不正当目的的公民，由于破坏了法律的正当程序，所以他的行为违反了在法律下繁荣社区的总利益。

官员办事时，超越宪法授予他的权限，其行为就是极不公正。这种行为直接危害整个社区，间接损害社区成员。甚至可以这样说，未能行使其参政权的普通公民是有损公正。这种不好的行为对政治有不良影响，所以它有损整个社会的福利。

这三条自然道德法准则前后秩序的排列，与我们先前谈过的善优于正确是相一致的。

追求幸福是我们的第一职责；对人公正，对整个社区公正，是我们的第二和第三职责。

这种第一、第二、第三职责的排列，或者说，第二和第三职责从属于第一职责，是基于这样一个事实：即我们对他人或整个社区公正与否，影响着每个人对幸福的追求，而追求幸福又是我们大家的最终目标。

它不妨碍或者说无损任何人为自己生活美满所做的努力，但它直接以消极方式影响着人们对幸福的追求。它有利于整个社区的福利，社区的福利反过来又促进各成员对幸福的追求，这是它间接以积极的方式影响人们对幸福的追求。

上面我们谈的公正行为对个人直接和间接影响的区别，使我们认识到关于公正的另一个方面。人在行动时，是没有积极的公正职责去让他人从中获利的。公正不在于直接做好事。公正只在于给人以应得的权益。

相反，出于爱这种慈善的冲动，却常常超越公正的范围，不认真考虑功过是非，去让受宠者得利，以慷慨的给予去表现深沉的爱。相比之下，公正给予的报酬则是不多不少而又不讲情面的。所以，根据公正给予报酬，有时也要用仁慈软化一点，不光是铁面无私，对法律要吃透其精神，不是照本行事。

公正是不侵犯他人应得利益的。这是因为别人有权得到其应得权益，或者是因为他们应得到公正的待遇。这就要求一切行为都不要侵犯别人的权利，公平地对待他们。

人们履行公正职责，以对社会福利有所贡献，那样，他们的行为是对别人有利的。他们这样做会使他人得利，但只是间接的。他们通过让所有人都参加社会福利，尤其是为社会的和平与繁荣方面，以使他人得利。

最后，我们谈一下有组织的社区本身的公正与社区内各个成员利益的关系。在这里，我们主要关心的是，社会政府形式的公正，社会经济安排的公正以及社会实证法或者说是人制定的法律的公正。

在政治体制领域内，政府最公正的形式是一个有普选制和宪法的共和国，宪法要包括保障所有人自然权利的经济和政治权条款。一个民主立宪国家的最高公正，是给除孩子和精神病患者以外所有人以政治自由和政治平等，保护他们的其他自然权利。

在经济结构领域内，最公正的经济是使所有人与家庭能平等地参加公共经济福利，使他们至少拥有处于基本线上人类生活所需要的最起码财富。没有一个人会因被剥夺掉起码的财富而穷困潦倒。对处于基本线以上，足以维持生活的人，还要考虑到财富的公平分配这个公正问题。根据贡献大小，一些人得的多，一些人得的少。

国家人造法律规定的公正，首先来自自然道德法原则下具体判决的实证法规定，自然道德法原则是社会自然公正的原则。实证法的规定是公正的，所以它能使自然权利免受侵犯，而且在分配和交易上能维护并促进公平。

实证法律的规则可能也来自那项自然公正原则，那项原则要求保护或促进公共福利的行动。控制旨在维护和平和秩序的公众会议的法律就属于这一类。为公共事业和政府提供财源的税律也属于这一类。另外，这些法律是公正还是不公正，则在于税务负担分配的方式是否公平。

最后，我们谈一下与自然公正准则毫无关系的实证法规则。这些实证法则支配或者禁止那些既非公正又非不公正并与道德不相干的行为。为了公共利益，它们对必须控制的事情作某种立法，不管怎样立法都不存在固有的正确与错误问题。

交通规则就是这类法律的一个主要例子。它唯一好的地方就在于，一旦规则制定下来，遵守这些规则就会给社会带来好处。违反这些规则就会给社会带来坏处。所以，个人遵守还是不遵守这些规则就是有助于社会还是对社会不利的问题了。

25.公正和法律的权威

国家是人为的法律，它从公正得到其权威性有以下三种方式：（1）制定保护自然权利的措施；（2）对保障人与人之间交易的公平实行立法；（3）对影响社区大众福利的公共利益事务作出规定。

谁也制定不出有权威性的法律。只有那些经宪法授权为社区福利立法的人制定的法律才有权威性，那就是根据宪法设立立法机构所授予的权威。

在专制政府统治的国家里，立法权在国王或王子一个人手里，但这些有绝对权力的君主完全是以强权推行法律，而不是根据正确与否。在中世纪出现的混合式政权中，所谓混合式政权就是指部分是专制，部分是法治的政权，法律的权威来自该国遗传下来的习俗。当时的国王有统治的权威，有执法的权威，也有以敕令决定法律范围以外事务的权威，但他没有立法的权威。王位的合法性常常遇到反对者的挑战。

国家人造实证法律之所以有权威性，是因为它是由有权威的立法人所制定的，而且它正好与自然主义的准则相吻合。此外，它有强制的力量，要求那些不承认其权威性的人去遵从。它的权威性在于它表达了一个人应该和不应该做的事。它的强制力在于，国家施以强权与力量去保证这些法律行之有效。

光有权利，即有权无力，或有权威而无强力，说话像天使，但它无法为人类社区的政府服务。亚历山大·汉密尔顿写道："如果人人都是天使，那么政府就没有必要了。"这就是说，没有一个政府会用强力使其权威行之有效。与此相反的是，乌托邦无政府主义梦想者，幻想有一个充满喜悦与幸福的社会，在那个社会里，人们在没有强力的情况下和平而和谐地在一起生活。

只有力而没有权，或者说，只有威力而没有权威。这不是空想家的梦想，但它是有史以来冷酷的现实。

不论是暴君还是仁君，所有专制制度都早于古老的法治政府，而专制制度又是由于推翻了古代共和政体后建立的，例如希腊的亚历山大大帝和罗马的恺撒大帝。在中世纪末，混合式政权瓦解，共和政体又出现。在当今世界上，共和政体的压迫看来甚于古代的暴君。

如果生活在公正的政府与法律下，有自由与平等，但没有安宁来保证人类生活和对幸福的追求，那也是很不幸的，因为安宁是最重要的环境条件之一。

更糟糕的是，专制主义受到了政治哲学家、法律哲学家、法学家和律师的袒护与支持。必须承认，他们对专制主义的袒护往往是他们没有意识到的。他们在法律和公正关系上所采取的立场导致了他们为专制主义辩护的可怕结局。当然，我们也很难理解，他们怎么会看不到他们在开始时就显然犯的基本错误会产生这种必然的结果呢？其实在开始时，他们犯的错误不仅是基本的，而且也是极为严重的。

他们的基本错误在于，他们把法律看得重于公正，而不是相反。他们不把自然公正视为人们制定法律的根据，视为权威的来源和法律合法性的准则，而是正好颠倒了本末。他们把实证法律，即人造的国法，视为公正的唯一来源，视为判定人与人，个人与社区关系行为正确与否的唯一标准。

在法律与公正关系上，这两种相矛盾的观点被称为自然主义的观点和实证主义的观点。

自然主义者，顾名思义，就是肯定自然公正的存在，肯定自然的、不可让渡的权利的存在，肯定自然道德法的存在，肯定那些我们同意并具有规约性的习俗的存在，这些不但独立于而且也先于实证法律的存在。

实证主义者却否认这一切。他们持相反的看法。在他们看来，实证法律，即由人制定的国家法律，提供了唯一的有规约性的准则，而人们则必须服从。根据他们的观点，如果实证法律不作要求或禁止，世间是无所谓公正和不公正的。

如果这种观点从根本上就是错误的话（我认为是这样的），那么，它错误的根源是很深的，它来源于我们对善与恶认识的最深处。那些对什么是善与恶，什么是公正与不公正，抱有严重主观主义和相对主义的人，他们所犯的正是这种错误。

实证主义者由于忽视或拒不承认真正的善与表面的善之间、天生的自然需求与后天养成的欲望之间的区别，所以他们找不到根据以区别应该要什么或做什么和事实上需要什么或做什么。因此，他们下结论说：根本没有自然道德法，没有自然权利，没有自然公正，总之，单单人制定的法律便可以决定什么是公正与不公正和什么是公平与不公平。

这种实证主义的观点，像古代的专制政治一样，已有很长的历史。最先，它是在柏拉图的《理想国》第一卷中以辩论的方式提出来的。在该卷中，特拉西马杰斯在回答苏格拉底所提到的关于公正在于给的得当这种观点时说，他完全为相反的观点辩护，即公正是强者的利益。说清楚一点就是，公正只是由在某范围内有权制定法律的人所决定的。

在以后几个世纪里，实证主义者的观点和后来的专制政治又都流行起来。罗马的法学家厄尔皮恩在为恺撒的专制权力论作辩护时说：任何使君王高兴的事就具有法律的力量，这就暴露了这种观点。到十六世纪，霍布斯在《利维坦》一书中也提出类似的观点，他是专制政府典型的卫护者。十九世纪，约翰·奥斯丁在他的《分析法学》一书中，再现了这种观点。

奥斯丁本人和二十世纪那些信奉他的法律学的实证主义者，并不认为自己是专制政府和专制政治的卫护者。其实，他们确实是在卫护专制政治。也许，他们不像他们的前人那样明确地表示他们的观点，但他们至少还是含蓄地表示出了自己的思想。

他们否认自然权利、自然道德法和自然公正，得出只是人制定的法律便可决定公正和不公正行为这种实证主义者的结论。此外，他们还下结论说，强权就是权利，这就是专制政府或专制政治的真正本质。

柏拉图、亚里士多德、奥古斯丁、阿奎纳、洛克以及卢梭等人是拥护自然主义者观点的。根据他们的观点，不公正的实证法律只是有名无实的法律，而不公正的实证法律是不具备这种权威性的。所以，它只有强制的力量，没有权威的力量。也就是说，它是没有权利的强权。

如果认为，只能由有权制定法律的人在本土来决定所谓公正与不公正的行为，便不可避免地就会得出这种结论：在他的土地上所施行的法律不能被判断出是否合乎公正。

如果国家法律是衡量公正的唯一标准的话，那就无法衡量实证法律是否公正。甚至连提“公正的实证法律”都是多余，也可以说它是自相矛盾。它们既非公正，亦非不公正，只不过是一些规约或禁令条文而已。它们所规定的，便成了公正的行为，它们的禁令，则成了不公正的举止。

以上所谈的有关衡量实证法律的问题，也必然适用于国家、政府、政治组织及经济结构。如果任何一个政治组织或经济结构都是衡量政治公正与经济公正的唯一标准的话，那么就没有一个政治组织或经济结构可称作公正的了。在与其他组织或结构相比较后会发现，一切政治组织或经济结构都不存在公正多少的问题。所有的政治组织与经济结构都可免受不公正的批评：不能以它犯了严重的不公正错误为借口就改革或推翻它。

我们可以因政府违反不可让渡的权利而推翻它的权利和职责，已被抹杀；而且我们重组新政府，即一个能保障人类不可让渡的权利并在被统治者的同意下获得公正权力的政府，这种权利与职责，也被抹杀。法律的实证主义拒绝《独立宣言》，这不仅仅是因为宣言的基本前提问题，而且也因为这些前提所推导出来的具有革命性格的结论。对于法律实证主义者来说，夸张的革命语言是可以的，而实际的革命理由是不行的。

古希腊文明中的那些诡辩学家，不仅是人类史上的第一批法律教授，而且也是第一批实证主义者。他们提到自然与习俗的区别。他们说，火的燃烧在希腊和波斯都是一样的，但是，希腊的法律与波斯的法律却不同，因为法律是约定俗成的，没有自然基础。所以公正与不公正，或正确与错误，在希腊是一个标准，在波斯却是另一个标准。

因此，当公正被完全看作是约定俗成，被看作是从属于实证法律的规定时，什么是公正，什么是不公正，就必然会因地而异，因时而异。举两个主要例子，根据某时某地所实施的法令，奴隶和女人无参政权在这个国家可能是公正的，而在另一个国家里却不尽然。而且在某一特定国家里，在这段时间内是公正的，而在另外一个时间内却不然。同样，在人与人之间，对不同种族、信仰或性别做出不同待遇的法律也是一样。这些不同的待遇过去曾是公正的，因而被列入法律书内加以实施。后来，那些法律被废除、失效，这些不同待遇也就成了不公正的。

实证主义者对法律和公正的观点还有更进一步的影响。只要记住前面所说的，公正法律的制约不会使人的行为丧失自由这一点，就可以看出这些影响是什么。同时也有必要记住，前文所反映的观点与实证主义的重要前提是完全相反的。

好人服从公正规则是自愿的。他既能遵守法律，又有选择行为的自由，因为法律要求他去做的都是他心甘情愿的。这是由于他认识到，公正法规所要求他做的都是正确的。法律对他有权威，使他服从，是因为法律是公正的。他不是由于法律的强制力，或怕受惩罚才被迫守法的。

坏人心眼儿不好。他不敢犯罪是因为他害怕法律的强制力，怕被抓住受惩罚。他的守法不是出于自由行动，而是出于被迫，是一时的。他只怕法律的强制力而不怕权威。

如果他克服恐惧心理，认为不守法只是一时的，那么，他的不守法就不表现他的个人自由，而是表现他娇纵自由，为了混过去。不论他违法还是守法，都是他为了方便，不是因为他认为那是公正。

实证主义者对法律和公正的观点是把我们都视为坏人。如果法律既不公正，也非不公正的话，那就只有它们的强制力能逼迫我们去遵从法律。我们是决定违法还是守法，必然只基于权宜的考虑。尽管违法，但善恶观不会受到冲击，而且如果我们很聪明，还可以不被抓住，不受惩罚。我们可能会违法，但不受良心责备，而且安然无恙。

实证主义者的观点在一个方面（仅仅一个方面）是有些真理存在的。正如前文所谈到的，一些法律，例如交通法，对一些本来与公正不相干的行为加以控制或禁止。这些行为本身既非公正，也非不公正。只是当这些条规的制定是为了公众利益和广大人民的福利时，这些条规法律所限制或禁止的行为才能成为公正或非公正的。即使如此，采取与之相反的行为往往也会有利于公众的福利。

开车跑错了线路或停错了车场，都是刑法所说的“禁忌的不良行为”，说它们是不良行为只是由于它们受到社区法规的禁止。

相形之下，伤人、偷盗、绑架才是“本质上的不良行为”。这些行为即使没有实证法加以禁止，它们也被认为是错误的。它们之所以是错误，是因为它们违犯了自然权利与自然公正，即使国家没有保障这些权利的法规，而且就是有法规也不能实施的话，它们也是错误的。

实证主义观点必然拒绝区分“禁忌的不良行为”与“本质上的不良行为”。他们认为，一切不正当的行为都是“禁忌的不良行为”，它们之所以不正当，是因为它们受到法律的禁止。

根据自然主义者对“禁忌的不良行为”的看法，就是那些规定某行动是公正还是不公正的法令条例也有一定公正的因素在内，不过这种公正成分不是基于自然权利，也不是建立在公平的基础上的。

根据自然道德法第三条准则，我们作为个人，是有责任为社区共同利益工作的。对于那些有立法权威和责任的人来讲，有时制定一些法令，要求个人为社区共同利益尽职，也是非常适宜的。出于这种目的而制定的法律，既公正也适宜。我们说它公正，是因为它适宜。

西方的公正思想始于希腊。早在柏拉图对话录里，我们就看到有关法律与公正，和有关公正与权宜手段的基本议题。苏格拉底与诡辩学者斯雷·西马杰斯之间的争论，使我们了解到自然主义者与实证主义者在对待法律和公正上观点的冲突。柏拉图先在《理想国》里，后又在《高尔吉亚》中，对公正与权宜手段问题的探讨更不寻常。关于公正，他提出了两个最难以解答的问题，从而成为西方最杰出的哲学家。

他的第一个问题是要我们考虑，我们为什么应该主持公正。仅仅是因为这样做有利吗？还是说，不管国家法律是否要求我们这样做，对他人公正是我们自己在获取幸福过程中．不可缺少的因素呢？

另一个问题是要我们作一选择，就是说，我们是使他人受屈呢，还是我们自己受委屈？如果二者必选其一的话，我们到底如何抉择？为什么？

在这六大观念中，使人提出重大议题和问题的不只是公正。不能使人提出重要议题，不能成为重要问题焦点的理念不是大的理念。在本书的第四部分，也就是总论部分，我将力求去探讨有关真、善、美和自由、平等、公正这些重大的议题和问题。

第四部分

总论：大议题和大问题

26. 大议题和大问题

在前面几章里，我对所讨论的理念一直是观点明确，立场坚定。

在西方思想界里，由于这些理念历来就是大家主要的争论题材，所以读者必须看到，我在本书中对这六个理念的解释只代表我个人的观点。我在本书中的阐述，虽说是深思熟虑的，经过了多年反复思考，但其他人对此还是有不同意见的。

在一些例子中，我要读者注意某些我认为是不能自圆其说的观点，同时我也想说服读者接受我的看法。

我有时也提出相互矛盾的观点，我这样做是想说明矛盾可如何解决，尤其是在某个特定论点上，当对立的双方都有一半真理，能够和解时。

在另外一些例子中，我提出了一些仍有待解答的问题。我只暗示了答案的范围，未作明确的回答。

在西方思想界的两千五百年进程中，这六种理念一直是人们争论的中心。但是，在揭示所有这些基本议题，所有这些有争执的问题以及一些未回答的问题方面，我做得还不够深入，但我在这里也无法去加以补足，因为那样做不是一本小书所能够解决得了的。

哲学研究所只作过一次那样全面的研究，研究的是自由这一理念，并在一九五八年和一九六一年分别出版了两集研究的成果。有至少二十五位学者经过阅读、讨论，共花费了六年多的心血。这两本书约一千五百页，注释很多。书中援引了许多经过重新审评和比较的作品的观点。书中记载的所研究和查阅过的书目有五百多本。这两本书共研究了六场主要争论，每场争论都涉及许多议题。对于意志自由和自由选择这个议题的探讨，分四个主要议题，长达三百多页。

我之所以讲这些，是因为我在以下两章里对真、善、美和自由、平等、公正有关重要议题和问题只轻轻一说，这是肯定不够的。不过，我这样做却能使读者多少认识到，如果有谁想对这其中任何一个议题进行更深入探索的话，他可从这里知道还有哪些东西可以搞的。

我认为，适当的简短对读者是有利的。为此，我要精挑细选。我选材的标准是，挑一些对以上各章有直接的而且有重要关系的议题和问题。在一些例子中，我要力求示意读者如何解决不同理论之间的基本冲突和如何回答重大问题。

那些不同意或怀疑前面所提观点的读者和那些不同意或怀疑我在下述两章中所阐述的观点的读者，可以进一步研究探索。对于任何大的理念来说，要探索它在智力上的错综复杂性，可说是无止境的。对于喜欢思考问题的人来讲，这种探讨是很有益、很有趣的，它最使人高兴，虽然需要用脑，但得益最多。无怪柏拉图把哲学思维说成是“宝贵而令人高兴的”。

27.综述真、善、美

把真理的定义说成是所想与实际一致，或者所想和存在与否相符，这是基于一些设想得来的，而这些设想是一直有人反对的。

一种设想是，有一种不受人的思想所影响的或者说有一种独立于人思想的存在王国。另一种设想是，这种存在有一种限定特征。如果这种特征不是限定的，那么，有关这种特征的说法就无真假可言；而且对此完全相反的说法也可能是真的，或都是假的。

在我们寻求真理的过程中，矛盾律则不再是我们所遵循的基本思想原则。我们可能同时认为某种事态存在但又不存在，这在我们头脑中是最糟不过的。

极端怀疑主义者若要否定有任何真或假，就必然要么否认独立的现实存在是真的，要么否认存在有着我们思想能与之相符合或不相符合的限定特征。怀疑主义者要是走入这个极端，人们显然立刻就应该明白，他必然会自相矛盾的，除非他能为他所断言的所谓没有独立的实际存在或独立存在不具有某种特征一说找出真理来，否则他就会没有立足之地；而且，如果他声称他的断言是真的，那么，他的声称必然是以我们对真理的定义为前提理由的。

如果极端怀疑主义者不因为自己被指责为自相矛盾而放弃其断言的话，那么，我们只有两种办法来对付他。一种是中断和他毫无成效的对话，另一种是用实用主义检验一下他的立场。

在二十世纪初，美国哲学家威廉·詹姆斯令人信服地提出并捍卫了实用主义的真理学说。这种学说常常被误认为是一种新的真理定义。相反，它是接受了传统的所谓真理对应学说，并进一步提出了判定一个既定说法是真是假的标准。

实用主义观点认为，如果一种看法行之有效，那么它就是真的，反之就是假的。这种观点并没有说明什么是真理，而是说所谈的问题是真是假。一个乘船漂流而下的人心里想：四英里以外有一个大瀑布，而实际上瀑布只有一英里远。如果他按自己的想法，晒个太阳，睡一小觉，那么，他就要大祸临头。事实并不像他想象的那样，这显然就揭示了他的看法是虚假不合实际的。

一种看法，只有符合事物的实际情况时，才算通过了我们所说的实用主义的测验。如果这种看法与实际情况不相符合，那它就不像我们所想象的。它是否能像我们所想象的那样，是对这种意见是否真实的测验。它不是什么是真理的定义。极端怀疑主义者可能认为他可以拒绝真理学说对应论，但他能够或者实际上会拒绝实用主义的测验吗？

弗里德里奇·尼采是最走极端的虚无主义哲学家，他的辩护士们不得不承认，尼采虽从前窗把真理扔了出去，但由于他接受了实用主义的测验（尽管是勉勉强强的），又让它从后门溜了进来。在这个充满行动的世界里，不这样做显然就会自我毁灭，所以不能不克服极端怀疑主义的极端教条主义。

对一些具体看法究竟是真是假而进行的实用主义检验，其意义不仅限于驳斥怀疑主义，它还提出了一个通常被称为“预测与验证”的问题，作为验证一个具体看法是真是伪的方法。

一直偶尔会有人认为，而且现在仍有不少人认为，如果一个预言得到证实，那就验证了该预测所依据的看法。当我们所持意见使我们期待某种结果，而那种结果又果然发生时，我们行动所依据的意见是卓有成效的。那种看法通过了实用主义的检验，所以我们也就把它看作是真实的。

在关于具体事实的看法上，预测与检验确实可以告诉我们某个具体看法是真是假，看来对这种观点是没有反对意见的。所谓具体事实看法，大瀑布在下游只有一英里远就是一个例子。但是，当我们进行一般化概括时，也就是说，当我们讲的是普遍真实情况而不是例外情况时，预测和验证所起的效果就不同了。

不管是明言还是暗示，运用于“一切情况”的说法，即统统如此毫无例外，是不可能用有限的观察实例来说明的，即使这些有限的实例可证实所表达的看法。连续不断的证实并未验证一般化概括，就是说，连续不断的证实无法最终确实地表示一般化概括是真的。所谓能验证，只是从实例表示它越来越有可能是真的这个意义上而言的。换言之，它增加了我们对这项概括的真实性的信赖程度。

只有在反面例子证明了这一概括是假的时候，预测和验证（或者说，实用主义检测的运用）才超出盖然性的范畴。既然一般化概括是普遍真理，或者说没有例外，因此只要有一个反面的例子就能说明它终究是假的，而且是彻头彻尾假的。

盖然性的概念使我在思考一个有关真理概念的领域中最困难的问题或议题。这个最困难的问题，简单地说就是：一切盖然性都是主观的吗？或者说，在实际存在的某方面存在客观的盖然性吗？我下面详细谈谈这个问题。

客观盖然性表明事实结构本身内在的不确定性。主观盖然性则衡量了我们对事实判断的不确定性或怀疑程度。

当我们说某个意见是真的或假的时，我们所抱有的确定性是有高低之分的；如果说所有盖然性都是主观的，那就是说，盖然的程度是用来衡量确定性高低的依据。对于事实而言，意见不是真，就是假。但是，当我们无法百分之百地确切知道它是真的时候，我们对它的肯定程度要比实际低，这种情况是时有发生的。因此，当我们说多多少少有可能的时候，我们并不是说它有可能不是真的。我们是在说，它可能是真的，即有可能性。也就是说，我们认为它的真实程度大于零，小于一。

前面所指的一切盖然性都是主观的，这种观点是预设，实际存在是完全确定的。也就是说，一切事物不是以这种就是以那种方式存在着，但不能同时以两种方式存在。矛盾律不仅仅是思想的法则，它是我们达到真理所要遵循的法则，而且也是存在的法则。没有一件事物可以既存在同时又不存在的。也没有一件事物能同时既具有、同时又不具有某种特征的。如果实际存在王国无法毫无例外地遵循矛盾律，那么，矛盾律就不能成为我们力求达到真理所依循的好法则。

机遇游戏证实了而不是否定了盖然性是主观的而不是客观的这个观点。至于下次掷钱碰运气，我们只能说，根据机遇法则，银币正面朝上和背面朝上是同样可能的。这只是意味着，我们打赌银币正面朝上的把握和背面朝上的把握（或者说对背面朝上缺乏信心的程度）是一样大的。“银币正面朝上”和“银币反面朝上”虽然从主观上讲具有同样的可能性，但从客观上讲，这两种情况中，一种是真的，另一种是假的。我们不知道银币将会面朝上或朝下，或者说，我们只知道两者都有百分之五十的可能性，但我们确实知道，银币的两面中，只有一面会朝上的。

譬如说，明年圣诞节会不会下雪，像这类偶然事件并不是不确定的。就事情发生之前的现在来说，我们预言天将在圣诞节下雪，可能会是真的，也可能会是假的。但我们对圣诞节到来时会发生什么事情的预言就很缺乏确实性了。我们说那种可能性会实现，表达了我们对预言的信赖程度。

自然统计律并不违反所谓实在是完全确定的观点。与因果律中所表达的知识相比，自然统计律只代表我们对某些现象所拥有的知识。当根据手头得到的证据，肯定某因果律为真实的时候，对某种先行条件所产生的某种效果的预测在当时就可以肯定了。自然统计律只能在某种盖然性而不是必然性的程度上预测某种物质状态或事件，然而，无论是用因果律还是统计律，物质现象本身都同样是确定的。

二十世纪以前，自然科学界并不反对实际存在是完全确定的而盖然性则完全是主观的这种观点。在次原子物理学领域中，量子力学的出现带来了众所周知的海森堡不确定性原理。

要同时确定基本粒子或次原子的位置与速度，这种实验是无法在两方面都获得成功的。某种专门被称作H的不定量子，不论在粒子的位置上还是在速度上，都是不能被排除的。

随后即发生了一场激烈的争论。一方是阿尔伯特·爱因斯坦，另一方是尼尔斯·伯尔和沃诺·海森堡。

有人认为，量子力学中所遇到的不定性，应说成是主观盖然性；爱因斯坦是持这种观点的。电子有一定位置，并有按一定速度移动的这种盖然性，它能衡量我们断言它所处位置或具有速度的确信程度。实际上，这个电子不是在那个位置上，就是不在那个位置上；它不是具有那种速度，就是不具有那种速度。

伯尔和海森堡是哥本哈根学派的主要倡导者。他们反对爱因斯坦的观点，并赢得了多数物理学家的支持。虽然实际存在可能大都是确定的，但在次原子现象的领域内却是不确定的。电子位置和速度的不确定程度，不仅是对我们在这方面的无知或缺乏完全信心的测量，它还实事求是地指出了实际存在的客观盖然性，即不肯定性或不确定性。

为克服人们对现实中这种不确定性的反感，哥本哈根学派提出了他们所谓的“互补性原则”。这种原则实际上使我们避免了违反矛盾律这个支配实际存在与思想的法则。

一个电子或光子的位置在某一时刻不确定，这似乎使我们自相矛盾，像是说，粒子在同一时刻既在这儿，又不在这儿。但是，根据互补性原则，该粒子在某一既定时刻既在，又不在这个地方，这是互补，而不是矛盾的。

我们面临的难题是必须由大家自己解答的。为解释次原子现象领域内的客观盖然性或真正不确定性，哥本哈根学派发现有必要提出互补性原则。这个原则是否暗示要重新肯定矛盾律作为百分之百的支配现实存在的法则呢？它是否默认了最终还是爱因斯坦正确呢？

我本人对这些问题的回答是肯定的，但我必须承认，每当我和自然科学家在一起时，我总是孤军一支。我认为，我们所考虑的次原子现象本身不是不确定的。它们不确定，是因为我们被迫观察和测量它们所用的方法造成的。我们观察的方法对测量所产生的作用，使原来我们能够在古典力学中精确测量数量的准确性无法在光波和量子力学领域内获得。

关于不确定性的问题，还有一点是应该提及的。它发生在数学领域而不是物理领域内。一九三一年，科特·戈德尔发表一篇论文，讨论形式上不可决定的数学命题。论文指出，一个前后一致的数学公理系统包括一些可能是真实的命题，但命题的真实性却无法在那个系统中得到论证。

在人类追求真理进行探索的领域中，数学，可以说是所有有能力做出判断的人之间最能取得一致的。即使根据戈德尔的论点，也仍然是这样的。

对于任何形式上可决定的命题的真理，如果数学家意见不一，那简直就成了丑闻。在任何结构完好的数学系统中，形式上不可决定的命题是不应改变我们对数学家之间一致的信念的。

对于善这个理念的讨论，我们的核心要点是辨别真正的善与表面的善，以及作这种辨别所依据的特定的自然愿望和个人后天愿望之间的区别，或者说，是需要与想要之间的区别。没有这两种区别，对全人类来说，什么是客观的善，什么是因人而异随时而变的主观的善，就无法画线区分。

这个核心要点同时也是关于善的争论焦点，这一点是没有什么可奇怪的。问题在于，人的需求是否能与个别人的想要清楚地区分开来。一个人的需求是否也是另一个人的需求？人的需求是否受自然以及其他环境条件的影响？在不同的环境里，对不同的人来说，满足人的需求是否需要有不同种类的善，或者种类虽同但数量不同的善？

一种观点认为，某些事物在任何情况下都对一切人有好处；另一种观点则认为，对于人应该追求什么，干什么，可能在客观上有真正的价值判断与法则；这两种观点是不可分割的。如果对于人类需求和人类需要这个争议中的问题不能得到满意的答复，如果由于对区别的确实性有不可消除的怀疑而使需求和想要之间的区别模糊不清的话，那么，维持主观与客观两方平衡的天平就必然要偏向极端主观主义者一边，即认为在价值判断的领域内没有任何客观真理可言。在极端主观主义者看来，根据个人的欲望与偏爱，一切自己看上去好的，就是对自己好。而对其他人，或许正好相反。没有理由说任何事物应该欲求或不应该欲求。

我们已经看到，真理的客观性是以某个独立实体的存在为前提的。那个实体，就其结构与特点来讲是确定的。善的客观性是以人类现实存在为前提的，也就是说，是以人天性的存在为前提的。这种天性，就其具体种类性质而言是确定的。在这些具体种类性质中，天生的食欲偏好尤其构成了人的需求，因为人类的各个成员都是人，所以人天生就有其独自的共性。

肯定人性和人类的这些真理，就是肯定人类需求的普遍性。这些存在于每个个人内在的需求，无论何时、何地和在任何情况下，都是一样的。在二十世纪，这些真理受到了社会科学家和行为科学家的挑战。他们极端地认为，养育和周围的外界环境对人的特性来讲，如果不是起唯一决定作用的话，也是起主要的决定作用。

所谓的人性只不过是一滴塑胶液，它可以因养育的不同（社会、经济、政治条件的不同），而塑成各种各样的形状。我认为，把人性固定不变的特征视为遗传所决定（如同其他有机物种是由遗传所决定的一样），是可以反驳那些对这种观点持怀疑和否定态度的人的。不过，就这一点本身，还不足以使人的需求与个人的想要之间界限分明。我们还必须回答已提出的关于养育和其他环境因素对人类需求的影响程度的问题，回答关于满足这些需求还需要什么的问题。

我们肯定会欣然同意，养育和其他环境因素确实影响人类需求和满足这些需求所需东西的特性。人性固定不变的特点使得关于人类的需求的事实只有一点是固定不变的。那就是，人类需求的数量总是一样的，而且只要人存在于这个星球上，这个需求的数量就不会变。

人类成长的环境变化，不增加或减少他们需求的数量。甚至在数量不变的情况下，所列举需求的名称也不会随着周围环境的改变而不时变化。

满足一成不变的自然需求所要求的工具因素却随着人类生活环境的改变而不时变化。为说明这一点，下面举几个例子。

人天性就有求知欲望。换句话说，人由于生来就有认知能力，所以有追求知识的自然倾向。知识是真正的善，人人需要。这种需要如何得到满足呢？方法很多，有时靠个人探求，有时靠父母教育，有时靠部族的丰富经验或信仰，有时靠学校机构。

人需要学校系统提供的正规教育吗？是的。不过，它只是一种有助于满足人对知识的基本需求的方法而已。对学校教育的需求是第二位的，或者说是派生的，不是主要的或基本的。知识永远是人类所需要的，而学校教育却不然。

再举一个例子可能有助于说明问题。健康是人人都需要的真正好事。但为满足这种需求所需要的东西却因时间、地点而异。在工业革命前的经济条件下，追求健康的基本需求并不要求衍生需要的满足，也就是用不着对空气、水、地球进行保护，免受有毒工业废物污染。

人对交通工具有自然需求吗？没有。不过，与农村生活相反的是，在城市生活环境下，当人们必须远离家门外出工作以得到人基本需要的经济物资时，交通运输工具就成了人类的工具需求。不了解人的基本需求与满足那种需求所需要的东西之间的区别，就会使我们错误地认为，随着城市工业生活的兴起，会产生新的人的基本需求。

交通工具，防污染的环境保护、学校机构都是好事，这也只是因为财富（生活资料）、健康和知识这些真正的善事在某种情况下需要它们做工具的缘故。不管人的生活环境如何，财富、健康与知识无论在何时何地也都是大好事。但是，交通运输工具、防污染的环境保护和学校机构却不是在一切情况下都能用以满足人们追求财富、健康与知识这些基本需求的。

人人都需要衣、食、住。但是，他们所需要的食物与饮料的质与量，或者他们为免受环境的摧残所需保护工作的质与量，将根据他们居住地区气候的好坏和生活环境的好坏而不同。他们要吃、喝、穿、住，这些需要是不变的。随着周围环境的变化，满足他们这些不变需求事物的性质与特性也在变化。

肯定自然需求就为肯定自然权利打下了基础。所有的人都有同样的一套自然权利，因为人天生就需要同样的一套真正物质。每个人都有自然权利去得到人类所需要的东西，因为这种自然权利对他确有好处。所有人都有权得到交通运输工具、防污染的环境保护和正规学校教育吗？不是的。因为这些虽都是好事，但在某些情况下，它们不是满足人们基本需求所需要的。然而，当环境发生变化，这些好事成了一种工具需要，而且没有它就无法满足人类所需要的真正基本好事时，就会产生新派生出来的自然权利。人在基本自然权利上是不会有变化的；而有所变化的只是在派生的自然权利上。这些派生的自然权利是要求有权拥有一些工具性的好处，以满足人类对真正的基本好事的需求。

对于自然需求与自然权利的学说，我们必须加一条注释。不可否认，吸毒者和酒鬼对他们已习惯的毒品是真正需要的。对此，我们的看法是，他们所真正需要的毒品，对他们来说并不是真正的好东西。这就使我们感到，这些需要是病态的，不是自然需求。它们只存在于某种情况下，存在于某些人身上，而不是在所有情况下，在一切人身上。

如果读者在关于自然需求和自然权利的争论中决定反对我所捍卫的学说，难道他们就只有默认善与恶全是主观的，默认价值判断与应追求什么和完成什么既不是真的也不是假的观点吗？难道就没有其他选择吗？

有一个办法可以补救，不过依我看，这个办法也不能令人满意，而且也不能完全保持善与恶的客观性。

伊曼纽尔·康德的无上命令被认为是辨别人类行为正确与否的标准。无上命令旨在寻求一切对人类真正有利的事物，虽然它是建立在人性固有需要基础上的，但康德那套服从道德法的无上命令却是建立在对该法律的理性需要上，而不是建立在人性上的。

我们想让别人如何待己，就该如何待人。换句话说就是，好的行为准则能普遍适用才算合乎理性。这个准则并不是告诉我们应如何让他人对待我们。如果我们不知道什么对我们确实有利，我们就无法客观而确凿地回答那个问题。然而根据康德的说法，在这个世界上，唯一真正好的东西是善意，一种符合道德法的意志，一种愿意根据道德法去履行自己职责的意志。

我认为，康德的说法是不能令人满意的（我在以前已讲过），因为它把正确看得重于善。为了说明正确重于善，它用推导出来的职责而不是可发现的自然追求作为道德法和无上命令的根本。这样就出现了唯一真正好的是善意这样的观点。我认为，这对善这个理念的解释是极不适当的。

常言说，对于情趣，是没有什么道理可讲的。事实究竟是不是这样，这是我们在考虑美这个理念时所面临的最重要的问题。

单单从感官快活上来说，个人爱好看来的确是无法解释的。对于食物，酒、气候或性伙伴，个人的爱好恐怕也无法解释。如果我们对他们个人的性情和他们一生中影响个人发展的一切因素都了如指掌的话，也许就能解释他们情趣的差异。我们之所以不能解释其情趣的差异，其原因在于我们对这些因素不了解，而且看上去也不可能了解的缘故造成的。

当我们从纯粹感官快活上的情趣差异，转向可享用美的情趣差异时，我们对情趣的可解释性就可能会出现意见不一。在审美力问题上，我们有理由认为，某领域内的专家对所研究对象美的价值所作出的判断，比没有专门知识与技术的人所作出的判断要好。

对于眼前事物所呈现的令人悦目的美，专家们可能在程度上意见不一。也就是说，他们在判断哪一件比较美，哪一件最美的问题上，可能有不同的看法，但对于哪些东西因其内在的优质而呈现出来的令人悦目的美，哪些东西由于缺乏令人悦目的美而应予以冷藏这个问题上，他们的看法却是一致的。

在某领域内，如果专家认为一些东西有令人悦目的美而另一些东西却没有，那么，为什么不是每一个人都能在专家所挑选的物体中发现那令己心欢的美呢？看来情况是这样的：不少人可能在专家认为缺乏令人悦目美而鄙弃的东西中发现令己心欢的美。同样，当专家们都认为某件东西所具有的令人悦目的美胜过其他东西时，这并不意味着大家都认为这件东西所具有的令己心欢的美会超过其他物体。

如果说我们无法解释情趣爱好上的差异，那就是承认，我们无法克服令人悦目的美与令己心欢的美之间的鸿沟，无法解决专家判断为具有更令人悦目的美与一般人认为更具有令己心欢的美这两者之间是互不相关的问题。如果我们能解释情趣爱好上的这种差异，换句话说，如果我们知道出现这种差异的原因，那么，我们就有可能找到补救的办法，并能通过这种办法去消除掉它们之间的差异。

由于专家能对某领域内的物体判断出它们的令人悦目的美和令己心欢的美，所以，他们的存在为我们解决情趣爱好不同这个问题提供了一条线索。说某些人对这些事有专家的判断力，是认为他们对这些事物有很好的鉴赏力。他们好的鉴赏力在于他们能在那些因其内在优质而有令人悦目的美的物体上发现令己心欢的美。

这种很好的鉴赏力来自何处？专家如何才有这种好的鉴赏力呢？专家们在个人的发展过程中，有些因素使他们在某领域内具有了专家的判断能力，问题的答案就在这些因素里。这些因素包括：他们经常接触所说的这些事物，他们经过耐心、精心和恒心所积累的经验，他们对这些事物所形成的成分的了解，或许还包括他们在某种程度上掌握生产这些物体的技术。

某些人为什么会对某种物体的令人悦目的美具有专家的判断力，对于这个问题，如果我们的上述解释是正确的话，那么，我们同样可以解释，他们对所谈物体的令己心欢的美为什么会有很好的鉴赏力。

以此类推，低劣的鉴赏力也能用这种方法解释。低劣的鉴赏力也是由于个人发展过程中缺乏那些使人具有专家的判断力和好鉴赏力的因素造成的。

低劣的鉴赏力在于，认为缺乏有令人悦目美的物体中有令己心欢的美，或者说，认为不太令人悦目的东西更令己心欢。我们能解释造成低劣鉴赏力的原因，应有助于我们改正鉴赏力差的现象。改正的方法在于通过掌握那些使人拥有专家判断力和鉴赏力的因素，来培养自己的鉴赏力。

知道提高鉴赏力的方法是一回事，能否有效地运用这种方法是另外一回事。

比如说，我们知道，在道德上具有美德的人喜欢追求真正的善和做出正确选择。我们同时也明白，要培养年轻人，要使他们成为在道德上具有美德的男女，如果不是不可能的话，至少也是非常难的。

我们有时同样处境尴尬，例如我们知道，在美学上具有美德，或者说，具有修养的人，能从那些由于内在美而具有令人悦目美的物体中发现令己愉快的美。或许，我们不得不承认，要想在个人发展过程中培养相当数量的人，要使他们都在某领域内拥有专家的杰出鉴赏力，如果不是不可能的话，也是非常困难的。

所以，有些问题必须由读者自己来回答。鉴赏力能否解释？能否培养鉴赏力？鉴赏力差能否提高？对这些理想的目标我们能达到什么程度？

只有在上述问题的答案趋于肯定和乐观的情况下，我们才能说，在美的领域内，一般说来有令人悦目美的东西也应该有令己心欢的美；越具有令人悦目的美，就越应该令人心欢。

28.综述自由、平等与公正

关于真、善、美的中心议题和最重要的问题，对这三种基本理念的客观性都有影响。反观自由、平等与公正，情况则迥然不同。

我们看到，在讨论这些理念时，我们对每一种理念，都从几个不同方面进行了考察。我们已经探讨了自由的各种模式，平等的几种层次和公正的各不同方面。在这里，我们首先要讨论的是一些有争论的问题，即关于自由、平等与公正的概念是否只有一种是正确的；在这三种概念中，是否有一种概念优先于其他两种；关于这三种概念，最完善的学说是不是要把这所有不同的概念都包括在一种井然而有意义的方式里。

在自由领域内，在这三种主要的自由形式中只有一种是从未被实际存在所否认过的，那就是社会上的行动自由。就是说，只要这种自由的行使不违反禁止伤害他人或整个社会的法律，个人就可以不受阻拦，不受环境制约地自由行动。

有些人自由与法律允许不分，要求无限制的行动自由，犯极端自由主义的错误，即使在这些人中，在对于自由与法律的关系上也是有不同意见的。这里所指的法律是指自然道德法或民事实证法。

一些人认为，例如约翰·斯图尔特·米尔，个人自由只限在不受法律支配的行为范围内，所以，法律管辖的领域越大，自由的范围就要缩小。

约翰·洛克等其他人则持相反意见，他们认为，个人不仅在不受法律支配的范围内有行动自由，而且在他们的言行符合由政府制定并经他们同意的法律时，他们也有行动自由。作为在政治上自由的共和国公民，他们在自己政府里有发言权，所以，当他们遵守由他们直接或间接参与制定的法律时，他们也是有自由的。

由于约翰·洛克持这种观点，所以他也赞同另一种自由。就是说，有道德的人有能够像其应该的那样去行使意志的自由，有使自己意志符合那些对公正行为作出规定和对非公正行为加以禁止的道德法或民法的自由。

有道德的人与法律有着特殊的关系。认识到这一点的人与坏人或罪犯所处的状况是很不相同的。只有他们才能理解，为什么遵守人们公正制定出来的公正法规不会侵犯行动的自由。有道德的人与法律的特殊关系就在于，他们有像他们应该的那样去行使自己意志的自由。

恶人或罪犯没有这种自由。他们认为法律的强制力大大限制了他们随意行动的自由，他们无视法律的权威，只惧怕法律的强制力。由于受到法律的约束，所以他们感到不自由。

这里揭示了两种自由观点的重大差异。就是说，一种只肯定随意行事的环境自由；另一种则认为，行动自由从属于以善行获得的自由，即按自己应该做的去行使意志。

有时是有可能过分强调后一种自由的。如果把后一种自由看作是唯一值得获取的自由，因而就认为，在人类生活中，行动自由有很小甚至没有价值故而需要抛弃的话，那就是抹杀自由人与奴隶之间的区别。更糟的是，甚至会认为被监禁的奴隶也能获得幸福，因为他有获得幸福所唯一需要的东西，也就是说，他有一颗善良的心，一个美好的意愿和与之相伴随着的精神自由。

大家都知道，在自由问题上，长期争论不休而且争论最激烈的议题是关于人是否天生就有自由意志和与之相随的自由选择。

宿命论者否认这种自由，其理由是，这种自由与支配物质世界的因果律不相容，而人又是世界的一部分，所以，在这三种主要的自由形式中，他们只肯定一种自由是不受强力制约的，那就是社会上的行动自由。

因此，他们必然会否定按自然要求行使意志的自由，因为精神自由是以选择自由为前提的。他们否定精神自由，而精神自由是要自愿遵从道德法和民法命令的，所以，他们也必然会对并非一切自由都会被法律所准许一事感到不安，或者不接受这一现实。而且他们会认为，只有在个人行为不受法律强制力限制时，他们才能自由。

一些人，虽然认为人是大自然的一部分，但他们也认为，人只不过是在部分上属于自然而已。这些人只肯定人性所固有的自由，他们之所以这样做，是基于以下原因：

在他们看来，人的智力与意志行为可能是以脑力活动作为物理机制为条件的。不过，它并不是完全受生物物理和生物化学的自然法则所支配。这些生物物理法则支配着大脑和人的其他身体器官。

一个人不必为证实意志的自由而去走极端，他不必非把人说成是有完全超越自然性质的灵性，因而完全不受自然界因果法则的支配。他只需承认，人类行为的自然基础对人的思维与意志行为是必要的但也是不够的，这就行了。

因此，认为人生来就有选择自由的人不接受宿命论者所说的，选择自由违犯自然性质法则的学说。他们之间的争论在于对人性问题上观点的分歧。就是说，一个认为：人性与其他自然有机体的性质没有根本区别；另一个则认为：人性超越于，至少是部分地超越于自然世界。

我在前面讲过，精神自由是以选择自由为前提的。我这里必须重申以前提到的另一个观点：就是，人要求行动自由的自然权利也要以选择自由为前提。它是基于对行为自由的需要，基于行为自由可作为追求幸福所采取的手段提出的。

如果我们不能对除受公正法律限制外不受任何其他措施限制的行为进行自由选择的话，我们就不能负担使我们自己过上好日子的道德责任。没有选择自由，就没有按自然需要行使意志的自由。没有选择的自由和精神自由，自然就没有称心遂愿的行动自由。

如果我在自由问题上对上述两种对立观点的解释是正确的话（正确与否，需要读者来决定），那么，在自由问题上，最好、最有说服力的理论则是要肯定所有这三大自由：天生的选择自由，后天的道德自由和环境制约的行为自由。后者是与立宪政府下有参政权公民的政治自由相联系的。

关于平等问题的争论中心，在于肯定与否定在共同人性上，而且也只是在这一点上，人与人之间都是平等的这一点。

就人格而言，大家都是人。作为人，大家无高下之分；不过，在拥有人所共有的具体人类属性上，他们可能有程度之别。

这种一切人在人格上都是平等的观点，遭到一些人的反对。他们，如亚里士多德，把人分为两种，一种是生来就具有自由生活能力，能指导自己生活的人；另一种是先天不足，生来就缺乏自主能力的人。

从这种观点出发，这两部分人之间的不平等不被看作是天赋相同的人之间在程度上的差异。相反，是被看作这两部分人在类别上不同，一部分人有天赋，而另一部分人则没有。

这里所说的种类上的平等与否，以及在程度上的平等与否有着深远的影响。由于有大量不可否认的事实，所以我们不能说所有人不仅在种类上平等而且在共同人性上所拥有天性的程度也一样。

如果我们拒绝亚里士多德或与其类似的观点，即把人分成不平等的两类人的观点的话，我们就无法否认，一切在种类上平等的人在许多方面有着程度上的不平等。当然，两个人在拥有某些人的特质程度上可能会相同。但若两个人在所有人的特质程度上都相同，这种情况即使有，也很少见。

承认人人有权得到环境条件平等和机会平等，是建立在肯定个人在人性上都平等这样的基础上的。有人认为，人虽在种类上平等，但在许多方面都有着程度上的不平等；他们不仅在天赋上不平等，而且在后天获得的能力和在行为与服务中如何使用先天和后天能力上也不平等。由此推断，便进一步得出，人们按劳得到程度不等的报酬是符合公正的。

在环境条件平等的问题上，平均主义者主张消除任何程度上的不平等。但他们没有看到，人在种类上的个人平等和在程度上的不平等，会导致两种不同的结论，而不是一种结论。

只下结论说，人在种类上所受的待遇与得到的条件是平等的，这是不够的。还需要说明，对于个人来说，由于人在一些重要方面有程度上的不平等，所以，应在不同程度上有待遇或条件的不平等。

种类上的平等或不平等和程度上的平等或不平等之间的基本区别受到另外一些人的质疑。他们认为，如果有平等与不平等的话，那也只是在程度上。他们不同意有种类上的平等与不平等，其理由是：这不符合不平等和平等的概念。所谓不平等概念是指，某事物在某方面比另一事物多或者少；所谓平等概念是指，某事物在某方面比另一事物既不多也不少。

多与少，是程度上有区别；不多不少，是在程度上没有任何差别。所以，如果正确理解的话，不平等总是离不开程度上的差异的。而且，如果正确理解平等的话，它必须是在程度上没有任何差别的。

如果平等的概念是这样限定的话，我们就无法证实人在种类上都是平等的；同时在相互之间，作为个人，又在许多重要方面有程度上的区别。对于相反的观点，我们同样也是不可能证实的，即人类分为两个不同的群体，他们在种类上有异，不仅仅是在程度上有别；因为一个群体的人有某种天赋，而另一个群体的人却完全没有，这不只是一个程度上多与少的差别。

不过，为了迎接平均主义者的挑战，我们有必要指出：在种类上平等的概念是与他们所认为的既不多也不少的概念相一致的，而在种类上不平等的概念是与一事物在某方面比另一事物多或少的不平等概念相吻合的。

为说明这一点，我们举两个具体例子。我们先看看政治上的平等与不平等，然后再观察经济上的平等与不平等。

种类上的政治平等在于，根据政治本性，社会上享有政治自由的个人都有权得到具有参政权的公民地位。种类上的政治不平等则在于，社会上一些人有参政权，一些人没有参政权，因此，通过参政权的方式剥夺一些人的政治自由和参政活动。在后一种情况下，一个群体的人拥有另一个群体的人所完全没有的东西，这不是程度上的不同，而是种类上的差异。

当人被分为两个不同的群体时，一个群体有政治地位、权力和特权，而另一个群体的人却没有。有政治地位、权力和特权的群体享有足够的，甚至更多的一些人所应该享有的条件；而没有政治地位、权力和特权的群体中的人们，如果他们是一个未经他们同意的政府的子民，而且在这个政府里又没有他们的发言权，只是为了他们好才统治他们的话，那么，由于他们被剥夺了政治地位、权力和特权这些条件，所以他们没有足够的政治条件。或者说，如果他们被当作工具一样的家奴的话，或许他们会两手空空，根本一无所有。

政治上的拥有者与没有者之间在种类上的不平等，可因此被看作是一种多与少的不平等。拥有者有足够的政治权力。当他们有政治职务和因职务而行使的权力时，他们就会有足够的甚至过大的政治权力。而政治上两手空空的人则没有足够的或者根本没有政治权力。

要把拥有足够的或者过大政治权力的人与没有足够的或者根本没有政治权力的人分开，就要诉诸一个“足够”的标准，这个标准是以所有人根据其自然权利所获得的量来衡量的。

在种类上的经济平等与不平等也是一样。人人都有权得到一定数量的财富，各种各样经济物质形式的财富，作为他们生活的条件。不管财富的数量怎样定，但总是要够的。有些人的财富虽已足够使他们生活得幸福，但根据他们对创造财富所做的贡献，或许他们仍应获得更多。一些人的财富达不到所有人根据自然权利所应获得的数量，由于他们受到不同程度的剥夺而财富不足，他们陷入贫困，甚至受到饥饿的威胁。

在一个社会里，如果所有人或家庭都有足够的，甚至不但够而且还有剩余的财富，那么，这个社会在种类上有经济平等，同时也存在着在程度上的经济不平等。在一个社会里，如果一些人或家庭是经济上的拥有者，另一些人则不是拥有者，那么，这个社会就存在着种类上的不平等和程度上超过或低于分界线的不平等。这里所说的分界线是指，划分经济上足够或有剩余的人和经济上不够与受到不同程度剥夺的人。

现在，我们来看看种类上的平等与不平等，但暂不考虑可能与此同时发生的程度上的不平等，这种不平等一般是有而且是应该有的。由于暂不考虑程度上的不平等，所以我们就可以把问题说清楚了。两个人如果不管在政治上还是在经济上，都有着种类的平等，那么两个人在对人们有权得到的政治条件上也都不多不少，刚好足够。但在两个不论在政治上还是在经济上没有种类平等的人中，一个则会有足够的必要条件，另一个则会由于被剥夺而必要条件不足。

我认为，好的具有说服力的平等理论要包括所有层次的，即个人的和环境的、种类的和程度上的平等与不平等。

在环境平等的领域内，平等的理论也必须包括机会、待遇、条件以及结果的平等。但要注意，应使机会的平等从属于条件和结果的平等。

如果坚持认为机会平等是每个人有权得到的唯一的环境平等，就是否认所有人都有权得到条件的平等；其实是条件的平等使他们成为政治上和经济上的拥有者而达到种类平等的。

在关于平等这个理念的主要论点上，我已谈到持不同平等理论的人之间所存在的意见分歧。我也阐明了我在这些问题上的立场。至于我所持的观点是否正确，这就需要读者自己作决定了。

对于公正这个理念，问题的中心主要是三方的争执。有三种不同的理论，其中两种是在古代提出来的，一种是在现代提出的。

自古就有人认为，有权势则有理。这种观点经过几个世纪的演变，便成了法律学家或实证主义者关于公正的理论。他们认为，国家在未制定出具有无上威力的实证法律之前，没有什么公正或非公正可言。非公正的行为是实证法所禁止的，公正的行为则是为实证法所规定了的。

古代出现的另一种观点是，自然公正先于法律公正。就是说，自然道德法准则和自然权利的存在，决定公正与非公正的行为。而公正与非公正行为则先于并且独立于实际上或法律上政府所制定的法规。如果情况确实如此的话，那么，国家、政体、政府及其法律就可以通过自然权利和自然公正原则来判定是公正还是非公正。

在这三角争论中，第三种观点是功利主义者或实用主义者关于公正的理论。它最早出现在十九世纪。根据这种观点，在人的行为，政府的行动或政策，以及政府制定和行使的法律中，什么是公正，什么是非公正，其标准都是考虑到最终目标才定出来的。所谓最终目标，就是早期功利主义者所说的“大众幸福”或“大多数人最大的利益”；将其称为“大众福利”或“人们的共同利益”也同样是很好听的。一切条例、政策和法律，只要适合并促进大众福利或人们的共同利益，那么，它们就合乎公正。反之，如果它们有损或有害于这个目标，那它们就是非公正的。

对于这三种有关公正的理论，我的看法是，如果一种理论声称它完全正确，并排除其他两种理论的正确性，那么这种理论就是虚假的。我虽然认为自然主义者的理论比其他两种理论都好，但我必须坦白地说，如果它声称它能根据自然权利解答一切有关公正的问题的话，那它就未免太夸张了。它所能回答的问题是很重要的，但与它需要回答的问题相比，它所能回答的问题却是太少了。

同样，如果说一切关于公正的问题都能通过交易或分配上的公平标准来解决，那说得过分了。有些问题肯定是可以用公平的标准来解答的，不过仅仅是一些，而且这些问题都是次要的问题。

还有一些关于公正的问题是不能用自然权利或公平标准来解答的。它们可以通过看其是否有利于大众福利或公众利益的方法来解决。不过，经检验的结果证明，许多（虽并非全部）对什么是有利于或什么是不利于大众福利或公众利益的判决，与根据自然权利或公平准则所作出的公正和非公正的判决是相一致的。保护自然权利免受侵犯和要求在交易与分配上公平，这都是极有利的社会策略。它们是有利于大众福利和公众利益的。

最后是法律学家或实证主义者的观点。他们认为，一切有关公正的问题都能通过国家制定的和执政政府所推行的法律来解决。持这种观点的只有那些恬不知耻地维护“强者有理”这种偏激说教的人。即使不那么偏激，他们也必然承认，一些关于什么是公正和什么是非公正的判定只能来源于所制定的一些法令，是这些法令决定采取哪些政策才有利于公众的。

在所采取的这些政策中，没有一项是为保护自然权利或公平交易的，也没有哪一项政策更有利于公共福利。因此，在这种情况下，只有行使一项实证法律，来体现那项决定所指的什么是公正的政策。

关于公正的这三种相互冲突的理论，如果每一种理论都不说得太过分，而且每一理论都把它们之中正确的部分井然地讲清楚，那么这三种理论是可以相互调和的。对于这一点，可以简述如下：

一切根据自然权利或公平的标准认为是公正的事物，因为它有利于公众利益或大众福利，所以它也是公正的。根据自然权利是公正的事物，优于根据公平标准是公正的事物，因为后者是基于人与人之间个人的平等和不平等。也就是说，是基于他们的天赋，其后天才能，以及他们如何使用其天赋与后天才能的问题。而前者则是基于，作为人类的成员大家所共有的自然需求。

一切有利于大众利益或公共福利的事物都是公正的，因为它是为那一目的服务的。不过，根据自然权利或公平的标准，它却不一定总是公正的。这是实用主义者或功利主义者的公正理论所贡献的特殊真理。

在制定实证法律之前，国家可做出所有上述关于什么是公正与非公正的判定。事实上，合乎公正的实证法律的制定体现着前面所说什么是公正的判定。

但是，有些事情是不能以这种方式来判定是公正还是不公正的，因为它们既不赞成，也不违反自然权利，它们没有公平或不公平的问题。对公众利益也是，既不更有利，也不更不利。从这个意义讲，它们在道德上是不相干的。

不过，为了公众利益，是必须决定行动方针的。如果这种决定是通过立法手段的话，那么，实证法律所规定的行为方针则是公正的，而实证法律所禁止的方针则是非公正的。这是法律学家或实证主义者关于公正理论所贡献的特殊真理。

假若我们的上述说法是正确的话（对此，读者必须自作决定），那么，由于我们反对每一种理论的过分提法，同时又承认每种理论独自对真理这个整体所做的必不可少的贡献，所以这三种相互冲突的理论已得到了调和。我们也有必要把各种理论的这些贡献排列一下，使人看出自然主义理论从先天就优于实用主义或功利主义理论，而这两种理论又先天就优于法学家或实证主义者关于公正的理论。至此，我们对公正这个理念的解释就完善了。我认为要说明公正这个理念只有用这个办法，别无他路可走。

现在，关于公正所提出的两个最难解决的问题仍未解决。这两个问题是在西方人开始探讨公正这个理念时由柏拉图提出来的。我想，其中一个可以解答，而另一个则无法回答。

第一个问题是，任何人在他对其他人的行动中或与他所在社区的交往中，为什么都应该做到公正？

这个问题是柏拉图在《理想国》的前两卷书中提出来的。当时，他讨论的是，一个人是否会因其公正的行为而有利于自己获得幸福。换句话说，一个人是否应该因为自己对别人公正能促进自己对幸福的追求，所以才公正行事的？

从表面上看，答案可能是否定的。即使承认表现好是获得幸福的有效方法，也不会使我们给予肯定的回答。

为使自己终生过上好的生活，一个人当然要对他所需要和想望的善做出正确的选择。道德上的美德所形成的人的习性往往决定一个人做出这种抉择。

一个从来就不节制的人，会错误地沉迷于只追求表面的善，他过分地追求一时的欢乐，不从长计议去追求真正的善；这样，在追求善的方面，他会脱离自己的最终目标。同样，对于一个向来怯懦的人来说，由于他缺乏坚韧不拔的精神，不能忍受痛苦和克服前进道路上的困难，他也无法得到他所追求的真正的善。

在我看来，问题的唯一答案必然存在于一个难以解释而且很少被人理解的真理之中。如果我所说的节制、勇气和公正，道德美的这三个方面是可分割的而且一个人可能只拥有其中一种特性的话，那么，就我本人来说，我会不知道如何为待人公正会对自己的幸福有利这种观点辩护的。不过，如果情况与此相反，所说的这三种特性虽各不相同，但作为一个不可分割的整体，它们是道德美的几个密不可分的方面的话，那么，我们所寻求的答案也就有了。

这个答案所依据的论证是这样的：我如果在道德上不具备美德，或者说，我如果没有做出正确选择的固有习惯，我就无法得到过好日子的幸福。对于道德美德的三个方面，我不能只有其中一个方面，因为道德美德的三个方面（即我所说的节制、勇气和公正）是彼此不可分割的。

我不能只节制而没有勇气与公正；也不能只有勇气而没有节制与公正。如果我不公正，我就既没有节制也没有勇气；我如果放纵自己，缺乏韧性，就得不到幸福。所以，不公正，我就得不到幸福。

因此，为达到善这个终极目的，也就是说，为了整个一生过上好日子，我必须以公正待人，以公正处理与我所在社区的关系。

如果我们深入洞察道德美德的性质，看出它就是人类行为向着最终目标与人类共同利益发展的方向，那么，我们就可以因此支持上述观点，并说清这种观点的真理依据。这样，我们在行动中，要么朝那个目标努力，要么反其道而行之。

具体的选择或行动是不可能同时朝向两个方向的。当我们选择对他人有利因而具有朝那个方向移动的习性时，我们就不可能选择对自己有利而具有向相反方向移动的习性。

道德美德作为一个整体，虽有各明显不同的方面，但它们之间是不可分割的。不管我们是在考虑自己的幸福还是他人的幸福，道德美德指给我们的总是一个同一的方向。所以，我以公正待人，同时也有利于我自己得到幸福。

柏拉图提出的另一个问题是：别人以不公正对待我们，我们是忍受好呢，还是以不公正待人好？这个问题当然是以我们面临下列困难选择为前提的：我们要么对他人不义，要么忍受别人对我们的不公正待遇。面对这两种选择，我们应作哪一种选择呢？

柏拉图本人认为，人无论何时都应选择忍受他人对己的不公正，而不是相反。他的观点是，我们忍受他人对我们的不公正，当然会受到伤害；但是，它不可能像我们对他人不公正那样带来道德上的罪过，对我们的福利造成那样大的破坏。其实这种观点是由于对人的幸福与福利不够理解造成的。

柏拉图笔下的苏格拉底在受审即将结束时说：在今生或来世，一个好人是不可能受到伤害的。如果把这句话解释成，道德好的人或有美德的人是不可能受到他人给自己带来的严重外来伤害的。也就是说，如果一个人所能遭受的唯一严重伤害是因为他行为不道德或不正当的话，那么我们就会看出柏拉图认为受屈辱总比使人屈辱好的原因了。

我反对柏拉图的观点是基于对人类幸福概念的考虑。因为人要想幸福，就要拥有一切对他说来是真正好的东西；这其中，道德上的善，或者说是美好的意志，不管多么重要也只能是其中之一。生命与自由，知识与朋友，健康与适量的财富以及其他财产，所有这些也都是实实在在的好事。过好日子没有这些是不行的。

因此，如果我受到奴役，如果我的健康受到损害，如果我由于被剥夺而财富不足，如果我受到蒙骗而不明真相等等，那么，我对幸福的追求就会受到严重损害或者挫折。这就是我可能会遭受的他人对我的伤害，或者说，这就是我所在社会的不公正对我的伤害。

所以，我认为对柏拉图所说的不公正待人和遭受不公正待遇问题不能一概而论。在特殊情况下，当我们面临某些选择时，我有可能会感到，与其对他人不公正还不如忍受他人对自己的不公正，因为我所受的伤害对我追求幸福影响甚微，而我对他人不公正对我道德品格的影响则会产生更严重的后果。不过，我忍受他人对我的不公正是有前提的，那就是，只有我的不公正行为在这种具体情况下会引起一系列不公正行为，因而改变我的习惯气质，并最终使我丧失美德，其实这是不大可能的。

只有当威胁我们的外来伤害会使我们全部丧失幸福生活所需要的某种真正好处时，我们才会感到，对人不公正还是忍受别人对自己的不公正，进行这种选择是困难和棘手的。如果我们为了避免对我们幸福有威胁的伤害发生，而不得不采取一次不公正的行动，而这种行动又不会使我们丧失美德的话（因为一次行动既不能形成，也不能破坏已有的习惯），那么，在这种特殊情况下，采取一次不公正的行动，而不是忍受他人对自己的不公正行为，或许是可取的。